新型农民科技人才培训教材

现代养殖
实用技术

刘 涛 主编

中国农业科学技术出版社

图书在版编目（CIP）数据

现代养殖实用技术／刘涛主编 . —北京：中国农业科学技术出版社，2011.12
ISBN 978 – 7 – 5116 – 0730 – 0

Ⅰ.①现… Ⅱ.①刘… Ⅲ.①养殖 – 农业技术 Ⅳ.①S8

中国版本图书馆 CIP 数据核字（2011）第 232596 号

责任编辑	朱　绯
责任校对	贾晓红　郭苗苗
出 版 者	中国农业科学技术出版社
	北京市中关村南大街 12 号　邮编：100081
电　　话	（010）82106626（编辑室）　（010）82109704（发行部）
	（010）82109709（读者服务部）
传　　真	（010）82106624
网　　址	http://www.castp.cn
印 刷 者	北京富泰印刷有限责任公司
开　　本	850mm×1 168mm　1/32
印　　张	8.125
字　　数	219 千字
版　　次	2011 年 12 月第 1 版　2014 年 3 月第 2 次印刷
定　　价	24.00 元

◆━━ 版权所有·翻印必究 ━━◆

《现代养殖实用技术》编委会

主　　编　刘　涛

副 主 编　赵云焕　王　瑞

编　　者　王俊峰　曲哲会　李建柱
　　　　　　李　军　林　伟　郭晓秋
　　　　　　龚　勇　唐雪峰　秦本玲
　　　　　　徐　谦　程万莲　薛邦玉

前　言

中国是一个农业大国，农业是国民经济的基础。中国13亿人口中，有8亿是农民。"三农"问题是党和政府长期关注的重点问题，如何解决这一问题，是诸多学者关注的领域。古语"授人以鱼不如授人以渔"，意思是说我们与其给他人输血，不如让他们能够造血。那么这本书，就是为基层农民在创业过程中提供了所需的基础理论知识和基本技能。

随着市场经济的蓬勃发展，规模化、绿色农业、高效优质农业是未来的发展方向。中国拥有世界上最大的消费市场，中国拥有世界上最多的剩余劳动力，中国拥有庞大的优良地方品种。可以说农村是中国未来更高更快发展的力量源泉，而拥有现代创业技能的农业科技人才，必将成为新时代的弄潮儿。

为了更好地帮助立志于耕耘农村这片热土的广大基层干部、大学生村官和农民创业者，我们编写了这本读物。希望通过阅读这本书，为你们的生产带来一定的帮助。知识的更新是时时刻刻的，希望亲爱的读者朋友们能够经常通过网络、书籍、新闻媒体获得最新的专业知识和技能，同行之间能够互通有无，取长补短。

由于编写时间仓促，不足之处在所难免，请广大读者多多给予批评指正，以便在本读物再版时能够更加科学实用。

目 录

第一章 概述 ……………………………………………… (1)
　第一节 中国畜牧业发展现状与趋势 ……………… (1)
　第二节 发展养殖业应考虑的因素 ………………… (4)
第二章 动物营养与饲料 ……………………………… (8)
　第一节 动物营养基础知识 ………………………… (8)
　第二节 饲料原料及营养特性 ……………………… (14)
第三章 动物安全生产技术 …………………………… (27)
　第一节 影响动物安全生产的因素 ………………… (27)
　第二节 动物安全生产关键技术 …………………… (29)
第四章 家禽养殖实用技术 …………………………… (43)
　第一节 家禽的主要品种 …………………………… (43)
　第二节 家禽的孵化技术 …………………………… (49)
　第三节 高产蛋鸡养殖技术 ………………………… (56)
　第四节 快大型肉鸡养殖技术 ……………………… (69)
　第五节 土鸡高效养殖技术 ………………………… (74)
　第六节 鸭高效养殖技术 …………………………… (77)
　第七节 鹅高效养殖技术 …………………………… (81)
　第八节 常见禽病鉴别诊断 ………………………… (86)
第五章 养猪实用技术 ………………………………… (89)
　第一节 猪的品种与杂种优势利用 ………………… (89)
　第二节 猪场设计 …………………………………… (99)
　第三节 种猪饲养管理技术 ………………………… (103)

第四节　商品肉猪饲养管理技术 ………………（122）
　　第五节　土猪饲养管理技术 ……………………（126）
　　第六节　猪场常见病的鉴别诊断 ………………（129）

第六章　肉牛、肉羊养殖实用技术 ……………………（133）
　　第一节　肉牛养殖技术 …………………………（133）
　　第二节　肉羊养殖技术 …………………………（162）

第七章　其他经济动物养殖实用技术 …………………（192）
　　第一节　肉兔高效养殖技术 ……………………（192）
　　第二节　长毛兔养殖技术 ………………………（197）
　　第三节　肉用驴养殖技术 ………………………（201）
　　第四节　鹌鹑养殖技术 …………………………（205）
　　第五节　肉鸽养殖技术 …………………………（217）
　　第六节　黄粉虫养殖技术 ………………………（225）

第八章　水产养殖实用技术 ……………………………（231）
　　第一节　淡水渔业的发展现状 …………………（231）
　　第二节　池塘养殖技术 …………………………（233）
　　第三节　大水面养殖技术 ………………………（238）
　　第四节　小龙虾养殖技术 ………………………（242）
　　第五节　黄鳝的养殖技术 ………………………（246）
　　第六节　泥鳅的养殖技术 ………………………（248）

参考文献 …………………………………………………（251）

第一章 概 述

第一节 中国畜牧业发展现状与趋势

一、中国畜牧业经济状况及特点

自20世纪90年代以来，中国畜牧业产业快速发展，畜牧业产值在农、林、牧、渔业产值中的份额稳定上升，已成为农业的重要支柱产业，其发展呈现以下特点。

1. 肉、蛋、奶产量持续增长。
2. 生产方式逐渐变化，规模化生产增长加快。

20世纪90年代以来，中国畜产品生产开始由个体散户饲养向规模化养殖发展，现阶段主要是小农户家庭畜禽饲养、养殖专业户饲养与企业化规模饲养3种共存方式。而这3种畜禽生产方式在提供畜产品总量，产品总量中所占份额，以及3种生产方式的内部结构都发生了明显变化。突出地表现为：

（1）小农户畜牧业生产规模普遍提高；

（2）中国畜禽业的生产方式开始从小农户，副业型经营向专业型、规模化方式转变。在畜产品生产总量构成中，普通农户生产比重下降，而专业户和企业化规模饲养所占比重上升；

（3）畜牧生产逐步向优势区域集中。随着中国农业产业化的发展。畜牧业产业的区域化趋势越来越明显。如生猪产业带10省（区）（按产量排序依次是：四川、湖南、河南、山东、河北、广东、广西、江苏、湖北、安徽）产量占据了全国总量的66%。肉牛产业带主要集中分布在华北、中南地区和东北地区11省（区）；其产量占到总量的72%。奶牛产业集中在内蒙古、黑龙江、河北、山东、新疆5省（区），其产量占总量的62%。禽蛋产业带地跨河北、山东、河南、江苏、辽宁。

二、中国畜牧业的发展现状

改革开放以来，中国畜牧业稳步发展，无论是畜禽的饲养量，还是畜牧业产品产量及人均占有量都呈明显的上升趋势。特别是近些年来，随着强农惠农政策的实施，畜牧业呈现出加快发展势头，畜牧业生产方式发生积极转变，规模化、标准化、产业化和区域化步伐加快。目前，畜牧业产值已占中国农业总产值的34%，从事畜牧业生产的劳动力就有1亿多人，畜牧业发展快的地区，畜牧业收入已占到农民收入的40%以上。中国畜牧业在保障城乡食品价格稳定、促进农民增收方面发挥了至关重要的作用，许多地方畜牧业已经成为农村经济的支柱产业，成为增加农民收入的主要来源，一大批畜牧业优秀品牌不断涌现，为促进现代畜牧业的发展作出了积极贡献。

畜牧业的发展对于建设现代农业，促进农民增收和加快社会主义新农村建设，提高人民群众生活水平都具有十分重要的意义。但在畜牧业发展过程中，也逐渐暴露出一系列的问题。总的来看，中国的畜牧业仍处在传统饲养方式与现代化养殖方式并存、传统养殖方式占重要地位的阶段。规模小、品种杂，人畜混居、散放散养、混放混养、粗放经营。同时，一些地方存在着畜牧业投入不足、畜牧业生产和畜产品加工有隐患、影响畜产品质量安全的不确定性因素依然存在、饲养环境和生产条件相对落后、重大动物疫病形势严峻等问题，具体表现在：

1. *农村居民生产和生活环境恶化*

随着经济发展，一家一户的养殖方式已经不能满足市场增长的需要。尤其是改革开放以后，小农经济也开始加速向商品经济转化，在农户家庭养殖这一基本事实没有改变的情况下，畜禽规模的扩大意味着牲畜与人争空间。多数家庭畜禽养殖环境较差，粪便满地，臭气熏天，蚊虫肆虐，污水横流，造成农村居民生产和生活环境严重恶化,影响了村容村貌。

2. 扩大再生产和增加农民收入的约束

农区家庭养殖方式,不仅是生产生活环境的问题,畜牧业发展到今天,即使朴实的村民能够忍受长年累月的气味和粪便污染,但扩大生产规模的要求却难以满足。由于市场需求的扩大和农民增收的需要,房前屋后的家庭养殖及放养已经没有扩大生产所需要的空间,农民迫切需要有足够的饲养场地扩大畜禽生产,增加出栏量,提高收入。

3. 畜产品质量问题突出

受利益驱动,部分养殖户采用违法的饲养方法和手段生产劣质甚至有毒的畜产品。在过去几年间,"瘦肉精"、"苏丹红"等事件接连曝光,对城乡居民的身体健康及消费心理造成了严重影响。但是在传统养殖方式下,利润追逐和道德法律冲突问题频频发生,加之养殖户高度分散,难于管理,不能保证上市畜产品符合无公害标准。

4. 小生产和大市场矛盾

畜产品是中国的优势农产品,加入WTO后,希望畜产品能够增加出口。但由于传统养殖方式的缺陷,难以形成加工出口要求的规模,产品标准化程度低,影响了加工业和出口竞争。

5. 疫病防治困难

由于大量的分散饲养,难以有效的防止交叉感染、控制动物疫病、建立公共卫生防疫和环境控制标准。

6. 难以抵御市场波动风险

传统养殖方式,不能预测和适应市场变化,无法承受市场价格波动所带来的风险,对畜禽业的整个产业波动起推波助澜的作用。

三、中国畜牧业的发展趋势

从肉类产品的生产结构来看,中国的肉类主要品种按其产量由大到小排列为猪肉、禽肉、牛肉和羊肉,其中猪肉占总产量的

2/3左右。以肉牛、肉羊为主的节粮型草食类牲畜和饲料转化率较高的禽类，呈现出快速的增长态势。猪肉、禽肉、牛肉、羊肉、杂畜肉的比重依次为65∶19∶9∶5∶2，这一结构总体上符合中国国情，即在发展进程中适应形成的消费习惯、民族性特点和动物生物体生长周期以及市场变化。同时，中国的肉类结构与世界肉类结构的变化过程基本是符合的，世界肉类结构比重中，猪肉、禽肉、牛肉、羊肉、杂畜肉分别为40∶30∶24∶5∶1。所以，中国在肉类发展中依然坚持了猪肉业稳定发展，禽业积极发展，牛羊业加快发展的原则，推进肉类品种合理结构。

畜牧业的科技含量将加大，新品种的畜禽育种工作将是热点，在加速传统畜牧业向现代畜牧业转变过程中，技术因素将越来越起着决定性作用。抓好畜牧业现代养殖示范和畜禽育种工作，提高其抗病能力和肉质是畜牧业发展的重中之重。

畜牧业规模化生产趋势进一步凸显。养殖户养殖规模扩大，中等规模生产场户在规模化养殖中的数量和产量比重不断上升。是近几年来中国畜牧业发展现状也是未来发展的走向。专业化、集约化和规模化是未来畜牧业走上正轨的保证也是其必然趋势。总体上讲，专业户和中等规模户是中国未来畜牧业的主力，也是实施小农户与大市场对接战略的重要基地。

第二节　发展养殖业应考虑的因素

养殖业总体说分为两大类，一是常规养殖，包括牛、猪、鸡、羊、兔、水产渔业等；二是特种养殖，包括狐狸、海狸、鹌鹑、鸵鸟、蝎子、蚯蚓、蜗牛、肉犬等。在选择项目时要考虑以下几个方面：

一、地理和资源优势

各地地理情况不同，资源也不同，养殖习惯及畜禽适应性也不同，要根据当地的自然环境来选择，充分利用当地资源，还可适当种植一些牧草作补充,设法降低饲养成本。目前,中国已基本形成了以长江流域、中原和东北为中心的生猪产业带,以中原和东北为主的肉牛产业带,以中原、西北牧区、西南地区以及内蒙古东中部及河北北部为主的肉羊产业带,以东部省份为主的禽肉产业带和以东北、河北、河南等中原省份为主的禽蛋产业带,以东北、华北及京津沪等城市郊区为主的奶产业带。畜牧业内部结构进一步优化,草地畜牧业快速发展。肉蛋奶产品结构中,肉类比重从1978年的72.1%下降到2009年的54.2%,奶类比重则由8.2%提高26.4%。在肉类结构中,牛、羊肉的比重由1978年的2.2%和3.6%分别上升到8.3%和5.1%,猪肉比重则由94.3%下降到63.9%。在结构优化过程中,节粮型畜牧业发展成为一大亮点,尤其是南方石漠化地区种草养畜发展加快,牛羊肉产量逐年增加。

二、资金投入水平

要根据自己的经济实力来决定养殖品种及养殖规模。有的需要资金较多,如波尔山羊、奶牛、肉牛等,有的不需要很多的资金,如鸡、兔。养殖户开始投入大量资金,因后续资金跟不上而导致失败的也不少,需稳妥发展才好。在投资之前,要充分做好项目投资预算。以存栏50头母猪场为例:母猪50头,公猪3头,年上市商品猪900头投资概算

(一) 生产厂房的建设及造价

1. 公猪舍 3头×12平方米/头×180元/平方米=0.648万
2. 母猪舍 50头×4平方米/头=200平方米×180元/平方米=3.6万
3. 产仔舍 (9窝产仔+9头母猪)×6平方米/每窝×200元/平方米=2.16万
4. 育肥舍 平均每头占地1.2~1.4平方米(从仔猪到育肥出栏按4月计算)4月×9窝×9.5头/窝×1.4平方米/头×150元/平方米=7.182万

5. 饲料库、原料库、成品库　60平方米×180元/平方米＝1.08万

6. 办公用房、食堂　3间×20平方米/间×180元/平方米＝1.08万

（二）设施（设备）

1. 成套电路　　　　　　　　　　　　　　2万
2. 成套水路　　　　　　　　　　　　　　2万
3. 饲料机一套　　　　　　　　　　　　　0.8万
4. 料车、粪车　6辆×280元/辆　　　　　0.168万
5. 产床　18套×1 400元/套　　　　　　　2.52万
6. 消毒机、电冰箱（疫苗用）、显微镜　　0.8万

（三）种猪（50千克）计

公猪　3头×1 500元/头＝0.45万

母猪　50头×850元/头＝4.25万

（四）流动资金（种猪投产前及第一个周期的耗料）

1. 种猪

53头×8月×30天×2.25千克/天×1.8元/千克＝5.151 6万

2. 乳猪、仔猪

170头×30千克/头（按2月算）×1.25元/千克＝1.275万

3. 育（肥）猪

4月×9.5头/窝×9窝/月×2.25千克/头/天×100天×0.425元/千克×2/3＝8.721万

（五）原料库存3万

总投资：46.885 6万

三、市场需求

选项目时要看市场行情和发展前景，进行经济分析和成本核算。也就是说，所养的对象吃什么料，饲料价格多少，料肉比如何。以养猪为例，在一般情况下，育肥一头猪料肉比为3.5∶1，每千克饲料1.4元左右，再加上工人工资及其他开支，增重1千

克毛猪约需支出6元左右，如果毛猪的价格每千克低于6元，养猪效益则为负数。

四、敢于冒险意识

创业不同于就业，它是一种高风险高收益的投资行为，创业成功后的巨额收入可以说是创业者所承担高风险的回报。那种不想承担风险就能致富的创业行为基本上是不存在的。因而，对于创业者来说，想致富就得敢于冒险。搞养殖不要抓住一根稻草不放，也不能见利蜂涌而上，遇到低潮就一哄而下。要走在别人前头，走在市场前头。在实践中有些人想通过结构调整增加收入，但因过于求稳，怕冒风险，只顾眼前利益，始终走不出大步子，总习惯于跟风跑，别人去年养兔赚钱，你今年就去养兔，别人今年养鹧鸪致富，你明年也养鹧鸪，这种马后炮的做法，使一些渴望致富的人却迟迟致不了富。应该在选准一个项目时，不要等待观望，该出手时就出手。

五、正确的心态

要树立赚得起赔得起的经营理念。畜牧业发展到今天，潮起潮落已成为市场规律。低潮过去是另一重天，养殖户面对的最大的考验就是低潮时期能否赔得起，能不能坚持住。因为只有赔得起才能赚得起。这不是生产力问题，关键是资金运作问题。要有合作意识搞养殖还要学会运作市场，跳出万事不求人的思路，要有合作意识，只有合作才有出路。合作就是找依托，如协会、龙头企业、合作经济组织等，与大的屠宰加工厂、大市场挂钩，把分散的养殖场、资金联合起来共同面对市场。例如，养殖协会，农民可拿出自己准备建场的钱入股一起建标准化养殖场，协会统一雇人生产经营，农民可以由饲养员变为股东，到时按股分红，也可以到养殖场当饲养员成为企业工人。合作、联合将是畜牧业发展的一个大趋势，只有大联合才能形成大规模，抵御大风险，创造大效益。

第二章 动物营养与饲料

第一节 动物营养基础知识

一、蛋白质营养

氨基酸是组成蛋白质的基本单位,单胃动物的蛋白质营养实质上就是氨基酸营养。

1. 必需氨基酸

必需氨基酸是动物自身不能合成或合成的量不能满足动物需要,必须由饲料提供的氨基酸。在动物体内合成完全可以满足需要的氨基酸成为非必需氨基酸。在一定条件下能被代替或部分节省的氨基酸被称为半必需氨基酸。在特定的情况下,必须由饲粮提供的氨基酸,呈为条件性必需氨基酸,如猪在生长早期只能合成部分所需的精氨酸,还需日粮提高部分精氨酸才能达到理想的生产性能。

猪的必需氨基酸有 10 种,即精氨酸、组氨酸、赖氨酸、蛋氨酸、色氨酸、苯丙氨酸、亮氨酸、异亮氨酸、缬氨酸和苏氨酸;家禽有 11 种,除上述猪所需的 10 种外,还有甘氨酸。

反刍动物瘤胃微生物能合成宿主所需几乎全部的必需和非必需氨基酸。对于产奶高的和生长快的反刍动物,瘤胃微生物合成氨基酸的数量和比例则不能完全满足需要,必须以过瘤胃蛋白质形式从饲粮补充。

2. 限制性氨基酸

限制性氨基酸是指一定饲料或饲粮所含必需氨基酸的量与动物所需的蛋白质必需氨基酸的量相比,比值偏低的氨基酸。由于这些氨基酸的不足，限制了动物对其他必需和非必需氨基酸的利用。

3. 饲粮中氨基酸平衡

氨基酸在组成和比例上与动物所需蛋白质的氨基酸的组成和比例一致的蛋白质称为理想蛋白质，理想蛋白中氨基酸的组成比例模式，就称为理想氨基酸平衡模式。

在实际生产中，常用饲料的蛋白质中必需氨基酸含量和比例与动物需要相比，大多不够理想，可能有一种或几种氨基酸含量不能满足动物的需要，称为氨基酸缺乏。氨基酸缺乏会抑制动物生长发育，降低动物的生产性能，可导致饲粮蛋白质利用率低，氮的排泄量大。在实际生产中，饲粮的氨基酸不平衡一般都同时存在氨基酸的缺乏。

4. 非蛋白含氮物

非蛋白含氮物（如尿素）对动物本身无营养作用，但反刍动物瘤胃中微生物可以利用非蛋白含氮物合成微生物蛋白。微生物蛋白进入反刍动物的小肠可提供所需的必需氨基酸和非必需氨基酸。因此，在一定程度上，给反刍动物提供非蛋白含氮物可以与提供昂贵的蛋白质具有同样的营养效果。

二、碳水化合物营养

碳水化合物在动物体内具有供能贮能作用。葡萄糖是供给动物代谢活动快速应变需能的最有效的营养素。葡萄糖是大脑神经系统、肌肉、脂肪组织、胎儿生长发育、乳腺等代谢的主要能源。体内代谢活动需要的葡萄糖来源包括胃肠道吸收和体内生糖物质转化。碳水化合物除了直接氧化供能外，也可以转变成糖原和脂肪贮存，还可以参与动物产品形成，如葡萄糖合成乳中的乳糖。

三、脂类营养

脂类参与动物机体组织的构成，特别是磷脂和糖脂是细胞膜的重要组成成分。脂类是动物体内重要的贮能和供能物质。饲料中的脂肪作为功能物质，热增耗降低，具有额外能量效应。这两种脂类还可以作为脂溶性营养素的溶剂促进脂溶性物质的消化吸收。

四、能量营养

动物所有活动，如呼吸、心跳、血液循环、肌肉活动、神经活动、生长、生产产品和使役等都需要能量。动物所需的能量主要来自饲料中碳水化合物、脂肪和蛋白质3大有机营养物质所含的化学能。动物的种类、性别、品系、年龄、生产性能以及环境因素会影响动物对能量的需要量。

五、矿物元素的营养

矿物质是一类无机营养物质，存在于动物体的各种组织中，广泛参与体内各种代谢过程，在机体生命活动过程中起十分重要的调节作用，尽管占体重很小，但缺乏时动物生长或生产受阻，甚至死亡。必需矿物质元素必需由饲粮或饮水中供给，当供给不足或缺乏时可引起生理功能和结构异常，并导致缺乏症的发生，补给相应的元素，缺乏症即可消失。现今已知，动物的必需矿物质元素有钙、磷、钠、钾、氯、镁、硫、铁、铜、锰、锌、碘、硒、钼、钴、铬、氟、硅、硼19种矿物元素。前7种元素在动物体内含量高于0.01%，被称为常量元素；后12种在动物体内含量低于0.01%，被称为微量元素。

（一）常量元素

1. 钙、磷、镁

钙作为动物体结构组成物质，参与骨骼和牙齿的结构组成以及神经兴奋性传导、肌肉收缩等生理过程。磷除了与钙一起参与骨骼和牙齿的结构组成外，主要是以ATP和磷酸肌酸的形式参与机体能量代谢，并以磷脂的方式维持生物膜的完整性；磷作为重要生命遗传物质DNA、RNA和一些酶的结构成分，参与许多生命活动过程，如蛋白质合成等。

2. 钠、钾、氯

在动物体内，钠主要分布在细胞外，大量存在于体液中，对传导神经冲动和营养物质吸收起重要作用；钾主要分布在肌肉和神经细胞内，参与机体代谢过程；氯分布在细胞内外，主要作为胃酸成分，活化消化酶；同时，钠、钾、氯还作为电解质，调控水和盐的代谢，维持细胞内外的渗透压和调节酸碱平衡、电解质平衡，保证营养物质的适宜代谢环境。电解质失衡会导致代谢病、动物生产性能下降和产品品质降低。为维持动物机体的电解质平衡，应确保动物日粮中钠、钾、氯各自的适宜供给量。3个元素中任何一个缺乏均可导致食欲差、异食癖、生长慢和饲料利用率下降等。

3. 硫

动物体内的硫，大部分以有机硫形式存在于肌肉、骨骼等组织中，特别是富含角蛋白的羽毛和毛发中含硫量高达4%以上。少量以硫酸盐的形式存在于血液中。动物缺硫表现消瘦，角、蹄、爪、羽毛等生长缓慢，反刍动物利用纤维素的能力降低，采食量下降。

反刍动物和非反刍动物对硫的消化吸收不同。非反刍动物基本上只能消化吸收硫酸盐和有机硫，而反刍动物消化道中微生物能将一切外源硫转变成有机硫，如微生物蛋白质中的含硫氨基酸。

(二) 微量元素

1. 铁

主要参与血红蛋白和肌红蛋白的组成，起运载氧的作用。

2. 锌

作为必需微量元素主要参与体内酶的组成，起着催化分解、合成和稳定酶蛋白质四级结构和调节酶活性等多种生化作用。

3. 铜

作为金属酶组成部分直接参与体内代谢；铜维持铁的正常代

谢，有利于血红蛋白合成和红细胞成熟；此外铜，还参与骨的形成，铜是骨细胞、胶原和弹性蛋白形成不可缺少的元素。

4. 锰

锰的主要营养生理作用是在碳水化合物、脂类、蛋白质和胆固醇代谢中作为酶活化因子或组成部分。此外，锰也是维持大脑正常代谢功能必不可少的物质。

5. 硒

硒最重要的营养生理作用是参与谷胱甘肽过氧化物酶的组成，对体内氢或脂过氧化物有较强的还原作用，保护细胞膜结构完整和功能正常。

6. 碘

作为必需微量元素最主要功能是参与甲状腺组成，调节体内几乎所有的代谢。动物缺碘，因甲状腺细胞代偿性实质增生而表现肿大，生长受阻，繁殖力下降。妊娠动物缺碘可导致胎儿死亡和重吸收，产死胎（如猪、羊）或新生胎儿无毛（猪、牛、羊）、体弱、重量轻、生长慢和成活率低。

7. 钴

体内钴的营养代谢作用，实质上是维生素 B_{12} 的代谢作用。反刍动物体内丙酸生糖过程需要的催化酶必须有维生素 B_{12} 参加才有活力。维生素 B_{12} 也是某些氮代谢的重要因素。反刍动物缺钴表现为食欲差、生长慢或失重、严重消瘦、异食癖和极度贫血死亡。亚临床缺钴，一般表现为生长不良、产奶量下降、初生幼畜体弱和成活率低等。

六、维生素营养

维生素可保证细胞结构和功能的正常，为动物机体组织健康、正常生长发育和生产所必需，主要以辅酶和催化剂的形式参与体内物质代谢过程中的生化反应。动物机体不能自身合成维生素，一般必须由饲粮提供。目前，已确定的维生素有 14 种，按其溶解性可分为脂溶性维生素和水溶性维生素两大类。

(一) 脂溶性维生素

1. 维生素 A
是维持一切上皮组织健全所必需的物质。

2. 维生素 D
最基本的功能是促进肠道钙磷的吸收,提高血液钙和磷的水平,促进骨的钙化。

3. 维生素 E
在动物体内的存在形式是 α-生育酚。维生素 E 主要作为生物抗氧化剂防止细胞膜中脂质过氧化,维护生物膜的完整性。

4. 维生素 K
在动物体内主要用于凝血酶原的活化而参与凝血过程。

(二) 水溶性维生素

1. 维生素 B_1 (硫胺素)
是能量代谢过程中重要的辅酶(羧化辅酶),参与 α-酮酸的氧化脱羧生成乙酰辅酶 A 而进入糖代谢和三羧酸循环。

2. 维生素 B_2 (核黄素)
在动物体内以辅酶 FMN 和 FAD 的形式与特定的酶蛋白结合形成多种黄素蛋白酶,进而参与机体碳水化合物、脂肪和蛋白质的代谢。

3. 烟酸 (尼克酸、维生素 PP)
动物体内的烟酸主要通过辅酶Ⅰ和辅酶Ⅱ的形式参与碳水化合物、脂类和蛋白质的代谢,尤其在体内供能代谢的反应中起重要作用。

4. 维生素 B_6
是吡哆醇、吡哆醛、吡哆胺的统称,三者的生物活性相同。

5. 泛酸 (遍多酸)
泛酸是两个重要辅酶即辅酶 A 和脂酰基载体蛋白质 (ACP) 的组成成分。辅酶 A 是碳水化合物、脂肪和氨基酸代谢中许多乙酰化反应的重要辅酶,在细胞内的许多反应中起重要作用。

6. 生物素

在动物体内以辅酶的形式广泛参与碳水化合物、脂肪和蛋白质的代谢。动物生物素缺乏的症状一般表现为生长不良，皮炎以及被毛脱落。

7. 叶酸

是动物体代谢过程中一碳单位转移中必不可少的成分，通过一碳单位的转移而参与嘌呤、嘧啶、胆碱的合成和某些氨基酸的代谢。

8. 胆碱

主要参与卵磷脂和神经磷脂的形成，卵磷脂是细胞膜的主要成分，在肝脏脂肪的代谢中起重要作用，能防止脂肪肝的形成。

9. 维生素C（抗坏血酸）

由于维生素C具有可逆的氧化性和还原性，所以它广泛参与机体的多种生化反应，其最主要的功能是参与胶原蛋白质合成。

第二节 饲料原料及营养特性

一、粗饲料

粗饲料是指天然水分在45%以下，绝干物质中粗纤维含量在18%以上的一类饲料，主要包括干草类、农副产品类、树叶类、糟渣类和某些草籽树实类。这类饲料的主要特点是体积大、难消化、可利用养分少及营养价值低，尤其是收割较迟的劣质干草和秸秆秕壳类。

1. 青干草与草粉

青干草是将牧草及禾谷类作物在质量和产量最好的时期刈割，经自然或人工干燥调制成长期保存的饲草。其中粗蛋白含量平均在7%~17%，个别豆科牧草可以高达20%以上；粗纤维含量高，大约在20%~35%；矿物元素含量丰富，一些豆科牧草中的钙含量超过1%，足以满足一般家畜需要，禾本科牧草中的钙也比谷类籽实高；维生素D含量达16～150毫克/千克，胡萝卜素含量为5～40毫克/千克。青干草可常年供家畜饲用，是家畜冬季和早春不可少的饲草。

草粉在国外被当作维生素蛋白饲料，是配合饲料的一种重要成分，年饲喂量很大。草粉按其所含养分不次于麸皮，按可消化粗蛋白质含量计，优于燕麦、大麦、高粱、玉米和其他精料。其中常用的草粉原料主要有紫花苜蓿、三叶草等优质豆科牧草以及豆科与禾本科混播的牧草。

2. 农副产品类和糟渣类饲料

秸秆和秕壳是农作物脱谷收获籽实后所得的副产品，大多数农区有相当多数量的秸秕用作饲料。这类饲料的主要特点是粗纤维含量很高，可达30%～45%，因而容积大，适口性差，消化率低，有效能值低；蛋白质含量低，一般为2%～8%，且蛋白质品质差，缺乏限制性氨基酸；粗灰分比例较大，利用率低；维生素含量极低。因此，这类饲料一般只适于饲喂反刍动物及其他草食动物，而不宜用于喂养单胃动物和禽类。常用的这类饲料原料主要有稻草、玉米秸、麦秸、豆秸、谷草以及稻壳、小麦壳、大麦壳等。

3. 树叶和其他饲用林产品

大多数树木的叶子（包括青叶和秋后落叶）及其嫩枝和果实均可用作畜禽饲料。有些优质青树叶还是畜、禽很好的蛋白质和维生素饲料来源，如紫穗槐、洋槐和银合欢等树叶。树叶虽是粗饲料，但营养价值远优于秸秕类。青干叶经粉碎后制成叶粉，可以代替部分精料喂猪、鸡、鱼，还能改善畜产品外观和风味。仔猪日粮中可加5%紫穗槐叶粉，架子猪日粮中添加10%，笼养鸡日粮中添加量应控制在5%以下。松针叶粉也是非常好的饲料。但有些树叶中含有单宁，有涩味，家畜不喜吃食，必须加工调制（发酵或青贮）再喂。有的树木有剧毒，如夹竹桃等，要严禁饲喂。

二、青绿饲料

青绿饲料是天然水分含量高于60%，富含叶绿素，处于青绿状态的一类饲料，主要包括天然牧草、人工栽培牧草、青饲作物、叶菜类饲料、树枝树叶及水生植物等。

中国青绿饲料资源丰富，种类繁多，其营养特性主要表现为含水量高，能量低。粗纤维含量少，幼嫩多汁，适口性好，而且消化率较高。粗蛋白质含量高，一般占干物质重的10%~20%，而且粗蛋白质品质极好，含必需氨基酸比较全面，生物学价值高。矿物质含量高，约占饲料鲜重的1.5%~2.5%，是畜禽矿物质的良好来源。总之，青绿饲料对于畜禽来说是一种营养相对平衡的饲料，是反刍家畜和草食家畜的主要饲料之一。

青绿饲料虽然有以上优点，但其营养特性受植物种类、生长阶段、植物部位及土壤肥料等多种因素影响而有较大差异，因此，在生产中只有通过适时收割、适时替代、合理调制及精细采集等措施，并结合动物生理特点，科学合理应用，才能获得较高的生产性能。

三、青贮饲料

青贮饲料是指将新鲜的青绿饲料切短装入密封容器里，经过微生物发酵作用，制成一种具有特殊芳香气味、营养丰富的多汁饲料。青绿饲料是一种营养价值完善、适口性好、易于消化的饲料，它富含水分、多种维生素、矿物质和品质优良的粗蛋白，将它青贮可以很好地保存其良好的营养特性，又是青绿饲料在冬季延续利用的一种形式。

目前，常用的青贮方法有一般青贮、半干青贮、混贮和添加剂青贮等。一般青贮原理为青贮原料在厌氧的环境中，可是乳酸菌大量繁殖，将青贮原料中的淀粉和可溶性糖类变成乳酸，当乳酸达到一定浓度时，便可抑制有害微生物的生长，从而达到长期保存饲料的目的。因此，青贮的成败，主要决定于乳酸发酵的程度。半干青贮和添加剂青贮可以扩大饲料原料，提高青贮的成功率，获得营养价值更高的青贮饲料。

青贮饲料一般经过40~50天即可开窖饲用。一旦开窖，就得天天取用，防雨淋或冻结。取用时应逐层或逐段，从上往下分层利用，每天按畜禽实际采食量取出，切勿全面打开或掏洞取用，尽量减少与空气的接触，以防霉烂变质。已经发霉的青贮饲料不能饲用。结冰的青贮饲料慎喂动物，以免引起消化道疾病或母畜流产。另外，青贮饲料尽管品质优良，但绝不是动物唯一的饲料，因此，在饲喂时应与干草、秸秆和精料类搭配使用。开始饲喂青贮饲料时，要有一个适应过程，喂量由少到多逐渐增加。

四、能量饲料

能量饲料是指在绝干物质中粗纤维含量小于18%，粗蛋白质含量低于20%的一类饲料，包括谷实类、糠麸类、块根块茎瓜果类和其他类（如油脂、糖蜜、乳清粉等）。这类饲料在动物饲粮中所占比例最大，一般为50%~70%，对动物主要起供能作用。

（一）谷实类

谷实类饲料是指禾本科作物的籽实。其突出特点是富含无氮浸出物，一般在70%以上；粗纤维含量少，多在5%以内；粗蛋白含量一般不及10%，且蛋白质的品质较差，缺乏赖氨酸和蛋氨酸等；钙少磷多，但磷多以植酸盐形式存在；维生素E、维生素B_1较丰富，但维生素C、维生素D贫乏；适口性好，消化率高，因而有效能值也高。正是由于上述营养特点，谷实是动物的最主要的能量饲料。

1. 玉米

号称饲料之王。它在谷实类饲料中含可利用能量最高，含代谢能约13.56兆焦/千克，是畜禽饲料中最常用的原料。玉米的颜色有黄、白之分，黄玉米含有少量胡萝卜素，有助于蛋黄和皮肤的着色。玉米含脂4%以上，脂肪中不饱和脂肪酸多，喂育肥猪时猪脂肪变软，影响胴体品质，在使用时注意控制其添加量。

2. 高粱

高粱中含能量与玉米相近，但含有较多的单宁，使味道发涩，适口性差，饲喂过量还会引起便秘。一般在饲粮中用量不超过 10% ~15%。

3. 大麦

是猪的优质饲料。大麦含粗纤维高，能量较低，粗蛋白质含量 12% 左右，蛋白质品质好，赖氨酸含量比玉米高 1 倍以上，含脂肪 2% 左右。用大麦喂育肥猪能获得优质胴体。举世闻名的中国金华火腿就是用黑豆和大麦饲喂的。在产蛋鸡饲粮中含量不宜超过 15%，雏鸡应控制在全饲料量的 5% 以下。

4. 小麦

与玉米相比，含代谢能稍低一些，约 12.72 兆焦/千克，但粗蛋白质含量高，约 15.9% 左右，脂肪含量低，约 1.7% 左右。小麦适口性好，而且又具黏性，是鱼类能量饲料的首选饲料。小麦也可作为猪和牛羊的能量饲料，但对鸡的饲用价值约为玉米的 90%。小麦在饲粮中用量可占 10% ~30%。

5. 稻谷

南方产稻区可采用稻谷喂猪，稻谷含淀粉多，稻谷的外壳由坚实的粗纤维组成，粗纤维含量高达 10% 左右，所以能量较低，与大麦的能量近似。为玉米的 85%，将外壳分出的糙米则能高。用稻谷喂猪可获得良好的胴体。

6. 碎米

加工大米筛下的碎粒。含能量、粗蛋白质、蛋氨酸、赖氨酸等与玉米相近，而且适口性好，是鸡良好的能量饲料，一般在饲粮中用量可占 30% ~50% 或更多一些。

(二) 糠麸类

糠麸类饲料是谷物加工副产品，主要有米糠、麦麸、高粱糠、谷糠和次粉等。这类饲料与谷实类相比粗纤维含量高，淀粉少，因此能量低，蛋白质含量高，矿物质中钙低磷高，B族维生素多。由于加工方式不同，饲料中营养物质含量差异很大。

1. 次粉

是小麦加工成面粉时的副产品，为胚芽、部分碎麸和粗粉的混合物。其含代谢能12.51兆焦/千克左右，粗蛋白质13.6%左右。影响次粉质量的因素为杂质含量及含水量，发霉、结块的次粉不能使用。

2. 小麦麸

是生产面粉的副产物。由于粗纤维含量高，代谢能含量就很低，只有6.82兆焦/千克左右，粗蛋白质15.7%左右。小麦麸结构蓬松，有轻泻性，在日粮中的比例不宜太多。

3. 米糠

是糙米加工成白米时的副产物。含代谢能11.21兆焦/千克左右，粗蛋白质14.7%左右，米糠中含油量很高，可达16.5%。故久贮易变质。因此，必须用新鲜米糠配料。一般在饲粮中米糠用量可占5%~10%。

4. 统糠

是由稻壳粉和少量米糠混合而成，但不宜喂特禽。

(三) 块根块茎瓜果类

包括甘薯、木薯、南瓜、甜菜、萝卜、胡萝卜、马铃薯等。这类饲料不经脱水加工，则影响畜禽采食营养总量，饲喂效果不好。在经加工脱水后的风干物质中，含淀粉较多，能值高，且适口性比较好，但其蛋白质（包括氨基酸）、维生素及矿物质含量低，饲喂效果也不及其他能量饲料。因此，这类饲料在饲粮中含量不宜过高，应控制含量在10%以下。

(四) 其他加工副产品

1. 油脂

含能量高，其发热量为碳水化合物或蛋白质的2.25倍。油脂可分为植物油和动物油两类，植物油吸收率高于动物油。为提高饲粮的能量水平，可添加一定量的油脂。

2. 糖蜜

是甘蔗和甜菜制糖的副产品。糖蜜中仍残留大量蔗糖，含有相当多的有机物和无机盐，还含有20%~30%水分。干物质中粗蛋白含量很低，约4%~10%。糖蜜的灰分较高，占干物质的8%~10%。糖蜜具有甜味，对各种畜禽适口性均好，但糖蜜具有轻泻性，日粮中糖蜜量大时，粪便发黑变稀。

3. 乳清

是乳品加工工厂生产乳制品后的液体副产品。主要成分是乳糖，残留的乳清蛋白和乳脂所占比例很少。乳清含水量大不适合直接作为配合饲料原料。乳清经喷雾干燥后得到的乳清粉则是哺乳期幼畜的良好调养饲料，成为代乳料中不可缺少的部分。

五、蛋白质饲料

蛋白质饲料是指干物质中粗纤维含量小于18%、粗蛋白质含量大于或等于20%的一类饲料，主要包括植物性蛋白质饲料、动物性蛋白质饲料、单细胞蛋白质饲料和非蛋白氮饲料。

（一）植物性蛋白质饲料

1. 豆类籽实

包括大豆、豌豆、蚕豆等，现在一般以食用为主，少量全脂大豆经加热或膨化用在高能饲料和颗粒饲料中。

2. 饼粕类饲料

是含油多的籽实经过脱油以后留下来的副产品。由于脱油方法的不同，所得副产品的名称不同，产品中所含营养成分的多少也不相同。油料籽实经压榨法脱油后的副产品为饼，饼中油脂残留量较高，多在4%以上，而其他营养物质含量相对略低；油料籽实经浸提脱油后的副产品为粕，粕中残留的油脂很少，一般为1%左右。

目前，常用的饼粕类饲料很多，主要有大豆饼粕、菜籽饼粕、棉籽饼粕、花生饼粕等。

（1）大豆饼粕 是中国最常用的一种植物性蛋白质饲料，营养价值较高，如蛋白质含量为40%~45%，去皮豆粕高达49%；代谢能也很高，达10.5兆焦/千克以上。适口性较好，各种动物都喜欢采食，在畜禽日粮中一般用量为10%~30%。氨基酸不平衡，缺乏蛋氨酸，饲喂动物时注意补加。生大豆饼粕含有抗营养物质（如抗胰蛋白酶、甲状腺肿因子、皂素、凝集素等），它们影响豆类饼粕的营养价值。因此，大豆饼粕作为饲料原料必须经过充分的加热处理。

（2）棉籽饼粕 是棉花籽实脱油后的副产品，含蛋白质40%以上，代谢能10兆焦/千克左右。主要特点为氨基酸不平衡，赖氨酸和蛋氨酸不足，精氨酸过高。富含游离棉酚，不利动物生长，使用时应注意脱毒处理和限量添加，如使用未脱毒的棉籽饼粕时，肉鸡饲粮添加量为10%~20%，蛋鸡饲粮中用量不得超过5%，肉猪饲粮10%~20%，母猪3%~5%，若游离棉酚高于0.05%，这时应谨慎使用。

（3）菜籽饼粕 可利用能量水平较低，适口性也差，不宜作为单胃动物的唯一蛋白质饲料。其中蛋白质含量约为34%~38%，品质较好，氨基酸平衡，精氨酸与赖氨酸的比例适宜，是一种良好的氨基酸平衡饲料。粗纤维含量较高，约12%~13%，有效能值较低。碳水化合物为不宜消化的淀粉，雏鸡不能利用。此外，菜籽饼粕中含有硫葡萄糖苷、芥酸和异硫氰酸盐等有毒成分，一般在单胃动物及禽类日粮中应限量饲喂，用量一般不超过10%，幼龄动物用量更少。

（4）其他饼粕类饲料 花生饼粕、亚麻仁饼粕、葵花籽饼粕、芝麻饼粕等，经过适当加工处理，在畜禽生产中也经常应用。

3. **其他植物性蛋白质饲料**

玉米蛋白粉、豆腐渣、酱油渣、醋渣、粉丝蛋白、浓缩叶蛋白等营养价值参考其他相关书籍。

（二）动物性蛋白质饲料

动物性蛋白质饲料主要是指水产、畜禽加工、缫丝及乳品业等加工副产品。该类饲料主要包括鱼粉、血粉、肉粉、肉骨粉、羽毛粉、皮革粉、蚕蛹等，其营养特点是蛋白质含量高（40%~85%），氨基酸组成比较平衡，并含有促进动物生长的动物性蛋白因子；碳水化合物含量低，不含粗纤维；粗灰分含量高，钙、磷含量丰富，比例适宜；维生素含量丰富（特别维生素B_2和维生素B_{12}）；脂肪含量较高，但易氧化酸败，不宜长时间贮藏。下面重点介绍几种常用的蛋白饲料。

1. 鱼粉

用一种或多种鱼类为原料，经去油、脱水、粉碎加工后的高蛋白质饲料，一般分为进口鱼粉和国产鱼粉，但各类鱼粉因原料和加工条件不同，各种营养素含量差异很大。由于鱼粉含盐量高，易吸潮，有利于细菌、霉菌和酵母的繁殖，引起温度上升，常结块发霉甚至自燃。因此，在使用中要严把质量关。

2. 血粉

是用新鲜、干净的动物血制成的一种高蛋白饲料，血粉中氨基酸不平衡，赖氨酸含量很高，而异亮氨酸、蛋氨酸不足，使用时应引起重视。此外，血粉适口性不好，使用时需限量，一般在动物日粮中不超过3%~4%。

3. 肉粉与肉骨粉

屠宰场或肉制品厂的肉屑、碎肉等处理后制成的饲料叫肉粉，如果连骨头带肉一起为主要原料则叫肉骨粉。中国生产的肉粉与肉骨粉中还包括动物的内脏、胚胎、非传染病死亡的动物胴体等，但不应含有毛发、蹄壳及动物的胃肠内容物。

4. 其他动物性蛋白质饲料

如羽毛粉、皮革粉、蚕蛹、乳（初乳、常乳、乳粉）、昆虫粉、蚯蚓粉等营养价值可参考其他书籍。

（三）单细胞蛋白质饲料

单细胞蛋白质饲料也叫微生物蛋白质饲料，是由各种微生物体制成的一类饲料。目前可用作饲料的单细胞微生物主要有酵母、真菌、藻类及非病原性细菌4大类。此类饲料蛋白质含量高（30%~70%），品质好，且富含B族维生素（不含维生素B_{12}）；同时，这类饲料原料丰富，生产简单，不受气候条件等限制等优点，因此在畜禽日粮中广泛应用。但有些单细胞蛋白质饲料，如酵母，味苦，适口性不好，特别是牛不喜欢采食，用量一般为2%~3%，最高不超过日粮的10%。

（四）非蛋白氮饲料

凡含氮的非蛋白可饲物质均可称为非蛋白氮饲料，包括饲料用的尿素、双缩脲、氨、铵盐及其他合成的简单含氮化合物。作为简单的纯化合物质，非蛋白氮对动物不能提供能量，其作用只是供给瘤胃微生物合成蛋白质所需的氮源，以节省饲料蛋白质。因为反刍动物的瘤胃内存在着大量的微生物，这些微生物可以利用非蛋白氮而形成菌体蛋白，最后菌体蛋白被反刍动物利用。目前世界各国大都用非蛋白氮作为反刍动物蛋白质营养的补充来源，效果显著。

六、矿物质饲料

矿物质饲料主要是补充动物所需要的常量矿物质元素的一类饲料，包括人工合成的、天然单一的和多种混合的矿物质饲料。

（一）钙源和磷源

1. 钙源

（1）石粉　主要指石灰石粉，是一种廉价的钙质补充料，含钙量为33%~39%。根据石粉颗粒大小，可将其分为轻质碳酸钙和重质碳酸钙。因钙盐中常含有铅等杂质，所以未经处理不宜使用。

（2）贝壳粉　将贝类外壳经烘干粉碎而成的的粉状或颗粒状补钙饲料，含钙量为32%~36%，是丰富的补钙资源。贝壳粉一般常用于蛋鸡、种鸡饲料中效果较好，可提高蛋壳强度，减少破软蛋率。

（3）蛋壳粉　是由蛋壳和蛋壳膜经加热干燥而成，含钙量为30%～40%。新鲜蛋壳制粉时应注意严格消毒，以保证产品质量。

2. 钙及磷源

（1）骨粉　以动物骨骼加工而成，分为蒸骨粉、骨炭、骨灰、骨质磷酸盐等。骨粉含氟量低，只要杀菌消毒彻底，便可安全使用。

（2）磷酸盐　磷酸钙、磷酸氢钙及磷酸二氢钙等是目前常用的磷酸盐，其中最常用的是磷酸氢钙。但这类磷酸盐中常含有氟和砷等杂质，未经处理不宜使用。

（二）钠、镁、硫源

1. 钠源

（1）氯化钠　又称食盐，添加的目的是补充植物性饲料中钠、氯离子的不足，保持动物体的生理平衡。此外，食盐还可以改善口味，增进食欲，促进消化。

（2）碳酸氢钠　又称小苏打，在蛋鸡饲粮中添加，不但可以为蛋鸡补充生产所需的钠、氯离子，而且还可缓解热应激，改善蛋壳质量；另外碳酸氢钠还是一种缓冲剂，保证草食家畜瘤胃的正常功能。

（3）其他钠盐　碳酸钠、硫酸钠、乙酸钠、丙酸钠等均可为动物提供一定量的钠源。

2. 镁源

（1）氧化镁　是一种较好的镁源，也是应用最广泛的镁源，因为它的生物学价值高，物理特性好，价格也较便宜。含镁量为60.3%。

（2）其他镁源　硫酸镁、碳酸镁、氯化镁、醋酸镁和柠檬酸镁等均可为反刍动物提供一定量的镁源。

3. 硫源

在反刍动物饲粮中使用非蛋白氮时,通常需要添加硫。常用的硫源为硫酸盐类和硫磺粉,硫的补充量一般不超过日粮干物质的0.5%,高产奶牛饲粮以添加0.23%~0.26%为宜。

七、饲料添加剂

饲料添加剂是指为补充畜禽营养,防止饲料品质下降,提高饲料中营养成分的利用,保持并增进健康和生长等而在配合饲料中添加的少量或者微量的营养或非营养成分,是配合饲料的核心,其质与量直接影响畜禽的生产性能。饲料添加剂可以分为营养性和非营养性两大类,营养性添加剂包括氨基酸、维生素、矿物质和微量元素等;非营养性添加剂包括生长促进剂、驱虫保健剂、饲料保存剂和品质改善剂以及其他添加剂等。

(一) 营养性添加剂

营养性饲料添加剂是根据动物饲养标准,补充饲料原料中缺乏或不足养分的少量或者微量物质,它主要用于平衡畜禽日粮的营养。包括:

1. 氨基酸添加剂

目的是为了补充配合饲料中相应氨基酸的不足。氨基酸添加剂形式目前主要有固态和液态两种。

2. 微量元素添加剂

是为了满足畜禽对各种微量元素的需要而在基础日粮中添加的短缺成分,主要包括铜、碘、锰、硒、钴等。

3. 维生素添加剂

目前,作为维生素的添加剂有维生素A、维生素D、维生素E、维生素K及硫胺素、钴氨素、泛酸、叶酸、烟酸等。

(二) 非营养性添加剂

非营养性添加剂是指为保证或者改善饲料品质、提高饲料利用率而掺入饲料中的少量或者微量物质。包括:

1. 生长促进剂

主要作用是刺激禽畜的生长，增进禽畜的健康，改善饲料的利用效率，提高生产能力，节省饲料成本。

2. 驱虫保健剂

主要有两类，一类是抗球虫剂，另一类是驱蠕虫剂。抗球虫剂主要用于家禽和家兔；驱蠕虫剂主要用来驱除动物消化道内蠕虫。蠕虫种类很多，驱虫药也很多。目前效果最好的是属于氨基糖苷类抗生素的潮霉素 B 和越霉素 A。

3. 饲料保存剂

可有效避免或缓解饲料储存过程中的氧化、霉菌污染、适口性下降，以及因此产生的饲料营养价值降低和毒素对家禽健康的危害。主要包括抗氧化剂和防霉剂。如乙氧基喹啉、丁基化羟基甲苯、五倍子酸脂及抗坏血酸等为常用的抗氧化剂，其添加量为 0.01%~0.05%。常用的防霉剂主要是丙酸钠。

4. 其他添加剂

有着色剂、调味剂以及饲料加工中常用的流散剂和黏合剂等。

第三章 动物安全生产技术

第一节 影响动物安全生产的因素

养殖业安全,是通过一系列保障措施,建立起能够保证养殖业稳定、高效、持续地发展,实现为社会不断提供丰富、安全、卫生畜禽产品的一种生产体系。目前影响动物安全生产的因素主要有3个方面:

一、动物疫病因素

据有关报道,自1980年以来,从国外传入或国内新发现的动物疫病达30多种;目前,猪、牛、羊、禽的死亡率分别达8%、1%、4%和18%,每年因发病死亡造成的直接经济损失高达200亿~250亿元,约相当于畜牧业总产值的2.5%~3.1%,农民人均损失25~35元。由于发病造成的动物生产性能下降、畜产品品质下降、饲料消耗增加、人工浪费、防治费用增加、环境损害及相关产业的经济损失就更加巨大,估计约为发病死亡造成损失的3~5倍。

1. 猪病发生情况

近几年猪病呈现多病因、多病原体的多重感染或混合感染的发病趋势,猪群发病时单病因、单病原体的现象很少,往往是以两种以上的病因或病原体相互协同作用造成,导致猪群疫病潜伏期短、发病急、传播快、呈现败血型病征以及高发病率和高死亡率的特点,危害极其严重,而且控制难度非常大。

在病毒的混合感染中,以猪繁殖与呼吸综合征病毒(PRRSV)、猪圆环病毒2型(PCV-Ⅱ)、猪伪狂犬病病毒(PRV)、猪瘟病毒

（HCV）之间的多重感染较为严重。在细菌的混合感染中，以链球菌+猪多杀性巴氏杆菌、猪链球菌+大肠杆菌、链球菌+沙门氏菌以及猪链球菌+大肠杆菌+巴氏杆菌的混合感染为最多。

2. 禽病发生情况

引起家禽死亡的原因很多，据不完全统计，目前对中国养禽业构成威胁和造成危害的疾病已达80多种，涉及传染病、寄生虫病、营养代谢病和中毒性疾病等，其中以传染病为最多，约占禽病总数的75%以上。同时，不仅疾病的种类增多，而且发病禽的种类也逐渐增多。除常见的鸡、鸭、鹅外，鸽、孔雀、鹌鹑、鸵鸟、七彩山鸡、珍珠鸡等及观赏鸟都有发病的报道。由于疫病的发生及管理不善，中国蛋鸡产蛋期死亡淘汰率高达20%~25%，而发达国家不足5%。中国每年因各类禽病导致家禽的死亡率高达15%~20%，经济损失达数百亿元。病原广泛存在于养禽环境中，可通过多种途径传播，成为养禽场的常在菌和常发病，导致发病率和死亡率上升，鸡肉品质下降，经济效益下降，甚至有的病原体还可通过禽肉产品传染给人类，危害人体健康。

3. 牛羊疾病发生情况

牛的主要传染病有流行性感冒、流行性腹泻、结核病、牛气肿疽、放线菌病、破伤风、犊牛副伤寒和伪狂犬病、口蹄疫等10种。主要寄生虫有肝片吸虫、新蛔虫、锥虫、焦虫、体外疥癣虫5种。羊的主要传染病有羊支原体性肺炎、羊痘、羊口疮。主要寄生虫病有肝片形吸虫病、焦虫病、肠道绦虫病等。

二、饲养管理水平因素

1. 养殖场基础设施落后

养殖场如果选址不当、场内畜舍布局不合理，缺乏有效的粪污处理设施，缺乏基本的通风、保温、降温设施，将极大的损害养殖效益和生态利益。

2. 养殖观念落后

中小型养殖场的老板大多没有接受过专业、系统的养殖教育，多数是凭养殖经验进行生产和管理，不注意接受新的养殖理念、更新饲养品种、实行疫病综合防控等，造成生产效益低，甚至遭受巨大损失。只注重眼前效益，导致先进的科学技术推广困难，一些伪科学反而大行其道。伪劣、违禁药物屡禁不止，滥用药物、疫苗，缺乏生物安全意识，导致疫病不断发展、扩散，造成极大经济损失。

三、市场风险因素

中小型养殖场大多实行单独生产，同时由于地处郊区或农村，信息来源较少，造成经营缺乏计划性。盲目生产的结果是在行情好时中小养殖场急剧扩大规模、发展迅速，行情较差或疫病来袭时甚至全场覆灭。只有建立起相对封闭式的养殖环境、按市场规律有序化生产、实行规范化管理、有效性销售的一整套体系，才能提高抗风险能力，稳步发展。

第二节 动物安全生产关键技术

影响动物安全生产的因素有很多，但最主要的是动物疫病因素。当前养殖环境非常复杂，动物疫病种类众多，最有效的控制动物疫病的策略是提高自身的养殖水平、建立起适合本场的生物安全体系、走联合经营之路、规避市场风险。

一、建立生物安全体系

生物安全体系就是为阻断致病病原（病毒、细菌、真菌、寄生虫）侵入畜（禽）群体、为保证畜禽等动物健康安全而采取的而采取一系列疫病综合防范措施，是较经济、有效的疫病控制手段。通过建立生物安全体系，采取严格的隔离、消毒和防疫措施，降低和消除养殖场内污染的病原微生物，减少或杜绝畜禽的外源性继发感染机会，从根本上减少和依赖用疫苗和药物而实现预防和控制疫病的目的。

（一）树立生物安全观念

1. 树立正确防疫理念

改变传统的"先病后防"、"重治不重防"的错误观念，树立"无病先防"、"环境、饲养、管理都是防疫"的正确防疫理念。要让畜主清醒认识到一旦发生疾病，只能采取极为被动的办法，不仅造成畜禽死亡，成本增加，而且影响产品质量，造成更大的经济损失。

2. 全面认识疾病含义

改变将疫病防治片面地理解成简单的喂药治病、免疫接种、疫病监测行为的狭隘的疫病防治观。应该认识到动物疫病是养殖技术水平的综合体现，动物疫病的控制必须从动物的种源安全、饲养条件、管理水平和防疫规则等环节采取综合措施，真正将预防高于一切的理念渗透到生产管理的每一个环节和每一天的工作中去。

3. 重视动物福利，更好地保护和利用动物

所谓动物福利，就是让动物在康乐的状态下生存，其标准包括动物无任何疾病、无行为异常、无心理紧张压抑和痛苦等。基本原则包括：让动物享有不受饥渴的自由、生活舒适的自由、不受痛苦伤害的自由、生活无恐惧感和悲伤感的自由以及表达天性的自由。给动物应有的福利，这样能够最大程度使动物处于生理自然状态，最大限度发挥机体免疫机能和其他生理功能，大大降低疾病感染几率。

4. 实施科学、合理的生物安全配套技术

生物安全是预防传染因子进入生产的每个阶段或场点或猪舍内所执行的规定和措施。生物安全还包括控制疾病在猪场中的传播、减少和消除疾病的发生等。生物安全是一个畜群管理策略，通过它来尽可能减少引入致病性病原体的可能性，并且从环境中去除病原体，是一种系统的连续的管理方法，也是最有效、最经

济的控制疫病发生和传播的方法。生物安全体系的具体内容包括如下几个方面：环境控制；人员的控制；畜禽生产群的控制；饲料、饮水的控制；对物品、设施和工具的清洁与消毒处理；垫料及废弃物、污物处理等。

5. 合理建场、布局

养殖场的选址应尽量位于相对较高处，在风向位置上应择在全年大部分时间为上风向处，同时能保证常年有清洁水源，远离主要交通线、生活居民区、厂区或畜禽养殖场、屠场、畜产品加工厂。生产区、生活区和管理区应严格分开。

6. 实行严格的隔离、消毒制度

出入生产场所的运输车辆必须经过严格的清洗和消毒。生产区间内的运输工具要做到及时清洗消毒，保持清洁卫生。不能将场内的运输工具到场外使用。

7. 做好选种计划

选种前必须做好疾病检测，严格检疫，确认无任何疫病，特别是对布氏杆菌病、伪狂犬病、繁殖与呼吸综合征等，检测通过放置隔离区进行隔离观察。引入猪畜禽前再次检测，合格后方可入场。

8. 加强饲养管理

定期消毒、杀虫、灭鼠、驱虫及定期对猪舍环境、饲料、饮水检测将有助于减少疾病传播；对发病和死亡的畜禽，应进行严格的处理，防止疫病扩散；饲养环境质量监测（在病原微生物污染监测同时兼顾有害气体的监测）。

9. 制定免疫程序

根据畜禽群的实际抗体效价，结合本场流行病的特点，制定合理的免疫程序。

10. 人员控制

严格限制人员、动物和运输工具的流动和进入养殖场，杜绝外来人员的参观；本场内各饲养员禁止互相往来；技术人员进入不同舍要更换衣物，严格消毒，加强卫生消毒，是防制交叉感染的关键。

（二）动物疫病控制技术

1. 动物疫病分类

根据动物疫病对养殖业生产和人体健康的危害程度，将动物疫病分为3类：

一类疫病：是指对人畜危害严重、需要采取紧急、严厉的强制预防、控制、扑灭措施的疫病。包括：口蹄疫、猪水泡病、猪瘟、非洲猪瘟、高致病性猪蓝耳病非洲马瘟、牛瘟牛传染性胸膜肺炎、牛海绵状脑病、痒病、蓝舌病、小反刍兽疫、绵羊痘和山羊痘、禽流行性感冒（高致病性禽流感）、新城疫鲤春病毒血症、白斑综合征。

二类疫病：是指可造成重大经济损失、需要采取严格控制、扑灭措施，防止扩散的疫病。包括：

（1）多种动物共患病 伪狂犬病、狂犬病、炭疽、魏氏梭菌病、副结核病、布鲁氏菌病、弓形虫病、棘球蚴病、钩端螺旋体病。

（2）牛病 牛传染性鼻气管炎、牛恶性卡他热、牛白血病、牛出血性败血病、牛结核病、牛焦虫病、牛锥虫病、日本血吸虫病。

（3）绵羊和山羊病 山羊关节炎脑炎、梅迪—维斯纳病。

（4）猪病 猪乙型脑炎、猪细小病毒病、猪繁殖与呼吸综合征、猪丹毒、猪肺疫、猪链球菌病、猪传染性萎缩性鼻炎、猪支原体肺炎、旋毛虫病、猪囊尾蚴病猪圆环病毒病，猪嗜血杆菌病。

（5）马病 马传染性贫血、马流行性淋巴炎、马鼻疽、马巴贝斯虫病、伊氏锥虫病。

（6）禽病 鸡传染性喉气管炎、鸡传染性支气管炎、传染性法氏囊病、马立克氏病、产蛋下降综合征、禽白血病、禽痘、鸭瘟、鸭病毒性肝炎、鸭浆膜炎、小鹅瘟、禽霍乱、鸡白痢、鸡败血支原体感染、鸡球虫病、低致病性禽流感、禽网状内皮组织增殖症。

（7）兔病　兔病毒性出血病、兔黏液瘤病、野兔热、兔球虫病。

（8）蜜蜂病　美洲幼虫腐臭病、欧洲幼虫腐臭病。

三类疫病：是指常见多发、可能造成重大经济损失、需要控制和净化的疫病。包括：

（1）多种动物共患病　黑腿病、李氏杆菌病、类鼻疽、放线菌病、肝片吸虫病、丝虫病。

（2）牛病　牛流行热、牛病毒性腹泻/黏膜病、牛生殖器弯曲杆菌病、毛滴虫病、牛皮蝇蛆病。

（3）绵羊和山羊病　肺腺瘤病、绵羊地方性流产、传染性脓疱皮炎、羊肠毒血症、干酪性淋巴结炎、绵羊疥癣。

（4）马病　马流行性感冒、马腺疫、马鼻腔肺炎、溃疡性淋巴管炎马媾疫。

（5）猪病　猪传染性胃肠炎、猪流行性感冒、猪副伤寒、猪密螺旋体痢疾。

（6）禽病　鸡病毒性关节炎、禽传染性脑脊髓炎、传染性鼻炎、禽结核病、禽伤寒。

（7）鱼病　鱼传染性造血器官坏死、鱼鳃霉病。

（8）其他动物病　水貂阿留申病、水貂病毒性肠炎、鹿茸真菌病、蚕多角体病、蚕白僵病、利什曼病。

2. 消毒

消毒的目的是消灭被传染源散布于外界环境中的病原体，以切断传染途径，阻止疫病蔓延。在生产实际中，应根据消毒目的、消毒对象、病原体的种类以及消毒剂的特性，同时结合本场生产实际情况，选择针对性较强的消毒剂和适当的消毒方法，配制适宜的消毒剂浓度，保证足够的药物作用时间，避免或减少影响消毒效果的负面因素，才可以充分发挥消毒剂的效力，从而达到理想的消毒效果。

(1) 选择合适的消毒剂和消毒方法　选择消毒剂应遵循"高效、安全、稳定、经济、方便"的原则。所选用的消毒剂应具有强大的杀菌和杀病毒能力；安全无毒性和残留性，刺激性小，无特殊的臭味和颜色；药剂的有效期长且稳定，与其他消毒剂无配伍禁忌；价格低廉，使用方便，容易得到。

由于各种消毒剂本身的化学特性和化学结构不同，故而对微生物的作用方式也各不相同；而且同种类的病原微生物本身的形态结构及代谢方式等生物学特性不同，对消毒剂所表现的反应也不同。例如，病毒对碱和甲醛很敏感，而对酚类的抵抗力却很大；口蹄疫病毒对酸性消毒剂较敏感；猪圆环病毒对碘制剂敏感；细菌繁殖体对消毒剂敏感，而芽胞则有较强抵抗力。因此，需要根据消毒剂的特性和微生物的敏感性，有目的地选择合适的消毒剂。如果单种消毒剂确实无法达到良好的消毒效果，可选取一些消毒效果好的复合型消毒剂。

在消毒时还要考虑消毒目的、气候条件、环境卫生、消毒场所（室内、室外、大门消毒池等）、不同要求（空栏舍、带畜禽、饮水等）、疫病流行特点，以及动物品种、健康状况和日龄等情况，选择消毒剂和消毒方法（喷洒、浸泡、熏蒸等）。

(2) 保证消毒剂的浓度和作用时间　消毒过程中应注意按产品说明书推荐的使用浓度配置有效和安全的消毒剂溶液。一般说来，消毒剂的浓度越高，杀菌力也就越强，但各种消毒剂作用受浓度影响并不相同，不是浓度越高越好。例如，75%的酒精杀菌效果要比95%的酒精好，因为95%酒精与微生物蛋白质作用马上形成一层保护薄膜，使酒精无法继续进入微生物体内发挥作用。

消毒剂的作用时间和它的杀菌力有很大的关系。一般在其他条件相同的情况下，消毒剂的效力与作用时间成正比，与病原微生物接触的时间越长,其消毒效果就越好,作用时间太短往往达不到消毒的目的。所以在消毒时要确保消毒剂作用的时间,消毒才能完全彻底。

(3) 减少环境中有机物质的影响 有机物的存在可以干扰消毒剂杀灭微生物的作用。当环境中存在畜禽的粪、尿、血、炎性渗出物、体表脱落物,以及饲料残渣、鼠粪、污水或其他污物时,这些有机物中藏匿着大量病原微生物,会消耗或中和消毒剂的有效成分,严重降低消毒剂对病原微生物的作用浓度,使消毒作用减弱。另一方面,受微生物严重污染的物品和场地,能阻碍消毒剂直接与病原微生物接触,而影响消毒剂效力的发挥。因此,彻底的清扫是有效消毒的前提,在使用消毒剂之前,应先对需要消毒的环境或物品进行整理、清扫和清洁,清除物品表面的灰尘和覆盖物等有机物,尽量减少影响消毒效果的因素,利于消毒剂充分发挥作用。各种消毒剂受有机物影响程度也有所不同,氯制剂消毒效果降低幅度大,季铵盐类、过氧化物类等消毒作用降低明显,戊二醛类及碘伏类消毒剂受有机物影响较小。对于痰液、粪便、畜禽圈舍的消毒应选用受有机物影响较小的消毒剂,同时应适当提高消毒剂的浓度,延长消毒时间,方可达到良好的消毒效果。

(4) 注意温度、湿度和环境 pH 值对消毒效果的影响 多数消毒剂的最佳消毒效果都与温度有一定的关系。一般来说,多数消毒剂在低温下消毒效果较差,当气温低于 16℃ 时,一般消毒剂对大部分病原体失去作用。但消毒剂对微生物的杀伤力随温度的升高而增强,提高温度可使常温下某些杀毒效果不大的消毒剂增强杀毒效力。温度的变化对消毒剂的影响大小不同,一般情况下,温度提高 10℃,其杀菌力可提高一倍以上。同时应该注意,温度可改变消毒剂本身的溶解度,对消毒剂的稳定性和作用时间有一定的影响。升温不可超过消毒剂本身能承受的极限,以免造成消毒剂有效成分的蒸发或分解,影响消毒效果。如碘制剂和氯制剂由于本身具有较强挥发性,提高温度会加速挥发,反而导致杀菌力下降。

湿度对消毒剂有着显著影响,不同消毒剂有其适应的相对湿度范围。因为只有液体才能进入微生物体内,起到应有的消毒效果,固体和气体均不能进入,所以一般固体消毒剂必须溶于水,气体消毒剂必须溶于细菌周围的液层中,才有杀菌作用。如在常用的甲醛蒸气消毒时,当提高室内的相对湿度,可以明显增强其杀菌效果。但是湿度太大反而会影响消毒剂与微生物的接触面积,从而影响消毒效果。例如,用过氧乙酸及甲醛熏蒸消毒时,相对湿度以 60%~80% 为最好。对于纳米级干燥消毒剂,其作用机理是通过吸附环境中的细菌、病毒、寄生虫卵、氨气、水分等达到减少病原体和改善养殖环境的目的,受湿度影响也较明显。

环境 pH 值的改变可以从两方面影响消毒剂的消毒效果。一是影响微生物的生长和繁殖,二是对消毒剂性质的影响作用。例如,季胺类消毒剂的杀菌作用随着 pH 值升高而明显加强,苯甲酸则在碱性环境中作用减弱,戊二醛在酸性环境中稳定而在碱性环境中杀菌作用加强;在碱性环境中,菌体表面的负电荷增多,有利于阳离子表面活性剂发挥作用。

(5)定期轮换使用、恰当配伍使用　由于不同类型的微生物对消毒剂的抵抗力不同,某种致病菌可能不能被杀灭而大量繁殖,对消毒剂也可能产生抗药性,而且长期使用同种消毒剂,也容易使细菌、病毒产生耐药性,从而降低了应有的消毒效果。因此,养殖场日常的预防性消毒要针对本地常发疫病、易感畜禽种类及流行特点等因素,通过综合分析制定消毒计划,在饲养过程中多备几种不同类型及功能的消毒剂,坚持定期进行轮换交替使用。在受到疫病威胁或发生疫病时,则应根据具体情况及时制定临时消毒计划,有针对性地选用消毒剂和消毒方法,及时选用和更换最佳的消毒产品,以达到最佳消毒效果。

选用消毒剂时可适当考虑药物配伍，良好的配方能显著提高消毒的效果。例如，季铵盐类消毒剂用70%乙醇配制比用水配制穿透力更强，杀菌效果更好；戊二醛和环氧乙烷联合应用具有协同效应，可提高消毒效力；另外用甲醇、丙二醇等具有杀菌作用的溶剂配制消毒液时，常可增强消毒效果。但是配制消毒剂时要特别注意配伍禁忌，不能随意混合使用。由于消毒剂的性质不同，混合使用容易使相颉颃的两种成分发生化学反应，可能使效果削弱甚至失去消毒作用，有些消毒剂在混合使用时还会形成有害气体等。如酸性制剂会与碱性制剂中和，漂白粉不能与硼酸、盐酸配伍，新洁尔灭不能与碘、碘化钾、过氧化物配伍。

（6）注意事项　消毒剂要求保存在阴凉、干燥、避光的环境中，否则会造成消毒剂的吸潮、分解或失效。

配制消毒剂应选用含杂质少的深井水或自来水，含有杂质的水会降低药效。硬水也会不同程度地分解降低消毒剂，从而影响其消毒能力。一般的消毒剂用水稀释后稳定性会变差，所以要现用现配，不宜久放。免疫当天和前后1天不喷洒消毒剂，免疫当天和前后2~3天不得饮用含消毒剂的水，否则会影响免疫效果。

3. 防疫

生物制品是中国目前用于疾病主动防治的重要手段，通过执行科学的免疫程序，针对不同传染性疾病，注射疫苗制剂，能在疫病发生前使动物产生免疫力，抵抗病菌侵袭，从而达到疾病预防的目的。下文的内容为生产中常用的免疫程序，仅供参考。

猪的参考免疫程序

商品猪	
日龄	疫苗
1~3	猪伪狂犬基因缺失苗
7	猪喘气病灭活疫苗[注]
21	猪喘气病灭活疫苗[注]

(续表)

商品猪	
23~25	猪传染性胸膜肺炎灭活疫苗[注]
	链球菌Ⅱ型灭活疫苗[注]
25~28	猪瘟弱毒苗
28~35	口蹄疫灭活疫苗
	猪丹毒—猪肺疫二联苗[注]
45	猪伪狂犬基因缺失苗
55	猪伪狂犬基因缺失弱毒疫苗
60	口蹄疫灭活疫苗
70	猪丹毒—肺疫二联苗[注]
种母猪	
每隔4~6个月	口蹄疫灭活疫苗
	猪瘟弱毒疫苗
初产母猪配种前	高致病性蓝耳病灭活疫苗
	猪细小病毒灭活疫苗
	猪伪狂犬基因缺失弱毒疫苗
经产母猪配种前	猪瘟弱毒疫苗
	高致病性蓝耳病灭活疫苗
	猪伪狂犬基因缺失弱毒疫苗
产前4~6周	大肠杆菌双价基因工程菌苗[注]
	猪传染性胃肠炎、流行性腹泻二联苗[注]
种公猪	
每隔4~6个月	口蹄疫灭活疫苗
	猪瘟弱毒疫苗
每隔6个月	高致病性蓝耳病灭活疫苗
	猪伪狂犬基因缺失弱毒疫苗

备注：1. 种猪70日龄前免疫程序同商品猪；2. 乙型脑炎流行或受威胁地区，每年3~5月份，使用乙型脑炎疫苗间隔一个月免疫两次；3. ［注］：根据本地疫病流行情况可选择免疫。

鸡的参考免疫程序

肉鸡	
7	新支 H120 点眼滴鼻
10	禽流感肌注
14	法氏囊疫苗饮水
18	鸡痘弱毒疫苗刺种
21	法氏囊疫苗饮水
25	新城疫弱毒疫苗饮水

土鸡	
日龄	疫苗名称
1	火鸡疱疹病毒疫苗
7	H120
10	新城疫Ⅳ系
15	中等毒力弱毒苗
28	中等毒力弱毒苗
30	鹌鹑化弱毒苗
35	新城疫Ⅳ系
40	H52
60	新城疫Ⅰ系苗或油苗
150	新、法、减油佐剂苗

蛋鸡	
日龄	疫苗
1	马立克氏病疫苗皮下注射
7	新支 H120 点眼滴鼻
14	法氏囊疫苗饮水
18	禽流感疫苗肌注
21	法氏囊疫苗饮水
25	鸡痘疫苗刺种

(续表)

	肉鸡
28	肾传支疫苗饮水
34	鸡新城疫弱毒疫苗饮水
50	新支 H52 饮水、新支二联油苗肌注
60	禽流感疫苗肌注
70	鸡痘刺种
80	慢呼、传鼻油苗肌注
85	鸡新城疫弱毒疫苗饮水
100	禽流感疫苗肌注
110~120	新支减综合征疫苗肌注

180 日龄以后，间隔 2 个月，新城疫弱毒疫苗或新支 H120 饮水。

二、标准化生产

1. 熟悉相关法律、法规及标准

动物安全生产者应根据自己所饲养的对象，认真学习与之有关的法律、法规及标准。如《中华人民共和国动物防疫法》《中华人民共和国畜牧法》《饲料及饲料添加剂管理条例》《兽药管理条例》、农业部第 176 号公告—《禁止在饲料和动物饮用水中使用的药物品种目录》NY/T391《绿色食品产地环境技术条件》、DB32/T343.1—1999《无公害农产品（食品）产地环境要求》等。

2. 掌握科学的饲养管理技术流程

在饲养管理上应持科学的态度，原则上不同的畜禽品种按不同的饲养标准和所需要的适宜环境条件饲养。首先，要满足畜禽的饲养标准。根据不同品种畜禽的营养需要，配制优质饲料，既要满足能量、蛋白质的需要，又要防止其他代谢病的发生，防止发生饲料霉变等不良现象。其次，要给畜禽创造适当的生存环境，既包括畜禽舍周围环境，也包括畜禽舍内的湿度、温度、光照、通风等环境因素。只有按各品种的不同特点来饲养,才能发挥其品种的最大生产潜力。在饲养管理上,切莫道听途说、随波逐流。

3. 引进优良畜禽品种

在引种方面,应根据当地的具体情况,选择销路广的畜禽品种饲养。首先要选择适合当地饲养的优良品种,但切不可只顾市场需求,频繁更换品种,追求新品种、多品种,形成不同品种畜禽混养,不同批次畜禽套养。虽引进了优良品种,但频繁的引进也可能引进新的病源。不同品种的套养对畜禽防疫、用料、消毒、饲养管理、清理等工作都有不便,容易造成疫病的交叉感染,使优良品种的畜禽生产性能难以充分发挥。

4. 畜禽粪便无害化处理

对畜禽粪便的无害化处理有焚烧法、掩埋法、化学消毒法、生物热消毒法(又名湿粪堆积发酵法)等。其中生物热消毒法是对畜禽粪便经济有效的消毒方法,因为湿粪堆积发酵所产生的生物热可70℃或更高,这样既能杀灭粪便中一切不形成芽胞的病原微生物和寄生虫卵,又能使粪便发酵腐熟快、肥效更好。所以,畜禽粪便的无害化处理多采用此法。

畜禽粪便的生物热消毒应在专门的场所设置堆放坑或发酵池,其侧壁和地面应由水泥筑成。常用的方法有地面泥封堆肥发酵法、地上台式堆肥发酵法、坑式堆肥发酵法。采用生物热消毒应注意以下几点:1. 堆料内不能只堆放粪便,还应堆放垫草类含有机物丰富的物质,作为微生物活动的物质基础。2. 堆料要疏松、切忌夯压,以保证堆内有足够的空气。3. 堆料的干湿度要适当,含水量应在50%~70%,以便更好的发酵。4. 堆肥时间要足够,需等腐熟后方可施肥。一般好气堆肥,夏季需1个月左右、冬季需2~3个月方达腐熟。

5. 动物产品的出场检疫

进行交易、屠宰、运输的动物离开饲养地前,经营人员必须依法向所在地动物防疫监督机构申请进行动物产地检疫，无产地检疫证明的动物一律禁止交易、屠宰和运输。养殖户应在畜禽交易前三日内向当地动物防疫监督机构申请进行产地检疫，由村级动物防疫员赴现场进行免疫情况调查和健康检查，产地检疫合格的，养殖户凭防疫员出具的免疫证到报检点办理产地检疫证。

第四章 家禽养殖实用技术

第一节 家禽的主要品种

一、鸡的主要品种

（一）现代蛋鸡品种

现代蛋鸡品种按所产蛋壳的颜色主要分为白壳蛋鸡、褐壳蛋鸡和粉壳蛋鸡，另外还有少量的绿壳蛋鸡等。主要特点是：白壳蛋鸡体型小，耗料少，开产早，产蛋量高，蛋重略小，抗应激性较差。褐壳蛋鸡体型适中，性情温顺，蛋重较大，蛋壳厚，抗应激性较强。粉壳蛋鸡产蛋量高，饲料转化率高。商品代鸡的生产性能见表4-1和表4-2。绿壳蛋鸡体型小，产蛋量较高，蛋壳颜色为绿色，蛋品质优良。如上海新杨绿壳蛋鸡、江西东乡绿壳蛋鸡等。

表4-1 部分白壳商品代蛋鸡的主要生产性能

鸡 种	50%开产周龄	72周龄入舍鸡产蛋（枚）	产蛋总重（千克）	平均蛋重（克）	料蛋比	育成期成活率（%）	产蛋期存活率（%）
京白988	23	310	18.66	63	2.0:1	96~98	94.5
海兰 W-36	24	285~310	18~20	63	2.2:1	97~98	96
尼克白	22~24	260	19.8	60.1	2.25:1	95~98	92.5
巴布考克B-300	21~22	285	17.2	64.6	(2.3~2.5):1	98	94.5
星杂288	23~24	260~285	16.4~17.9	63	2.3:1	98	92
迪卡白	21	295~305	18.5	61.7	2.17:1	96	92
罗曼白	22~23	290~300	18~19	62~63	2.35:1	96~98	95
伊利莎白	21~22	80周322~334	19.8~20.5	61.5	(2.15~2.3):1	95~98	95

表4-2 部分褐壳、粉壳商品代蛋鸡的主要生产性能

鸡 种	50%开产周龄	72周龄入舍鸡产蛋（枚）	产蛋总重（千克）	平均蛋重（克）	料蛋比	育成期成活率（%）	产蛋期存活率（%）
海兰褐	22~23	317	20.2	63.7	2.11:1	96~98	94
海兰褐佳	21~22	295	19.2~20.65	65~70	2.05:1	96~98	94
宝万斯褐	0~21	321	20.07	62.5	2.24:1	98	94.7
罗曼褐	23~24	295~305	18.2~20.5	63.5~64.5	2.10:1	96~98	95
海赛克斯褐	23~24	290	18.3	63.2	2.39:1	97	95.5
依莎褐	24	285	18.2	63.5~64.5	(2.4~2.5):1	98	93
迪卡褐	22~23	305	19.8	65	(2.07~2.28):1	99	95
星杂444粉	22~23	265~280	17.66~17.8	61~63	(2.45~2.7):1	92	93
农昌2号粉	23~24	255	15.25	59.8	2.7:1	90.2	93

（二）现代肉鸡品种

1. 爱拔益加（简称AA）

是美国爱拔益加公司培育的四系配套肉鸡。其特点为生长快、耗料少、耐粗饲、适应性和抗病力强。商品鸡羽毛整齐，均匀度好，49日龄体重2.94千克，饲料转化率1.9:1，成活率95.8%以上。

2. 艾维茵

是美国艾维茵国际家禽有限公司培育的白羽鸡，商品代49日龄体重2.615千克，耗料4.94千克，饲料转化率1.89:1，成活率97%以上。

3. 宝星

是加拿大雪佛公司育成的四系配套肉鸡。8周龄平均体重为2.17千克；饲料转化率2.04:1。在中国适应性较强，在低营养水平及一般条件下饲养，生产性能较好。

4. 红布罗

又名红宝肉鸡，是加拿大雪佛公司培育的红羽快大型肉鸡。一般50日龄和62日龄体重分别为1.73千克和2.2千克，饲料转化率分别为1.94∶1和2.25∶1。外貌具有羽红、胫黄、皮肤黄等特征，肉味比白羽型的鸡好，所以颇受中国南方消费者欢迎。

5. 安卡红

是以色列联合家禽育种公司（P.B.U）培育的有色羽（红黄色）杂交肉鸡，其生长速度接近白羽肉鸡，特别是抗热应激、抗病能力较强。49日龄体重1.93千克，饲料转化率2∶1。

6. 罗斯308

是美国安伟捷公司培育的肉鸡新品种，具有生长快，抗病能力强，饲料报酬高，产肉量高的特点。公母混养，49日龄平均体重为3.05千克，饲料转化率1.85∶1。

（三）优良地方鸡种

中国部分优良地方品种鸡及其外貌特征、生产性能见表4-3。

表4-3 中国部分优良地方品种鸡生产性能一览表

品种	类型	原产地	外貌特征	生产性能
北京油鸡	兼用	北京	体型中等，羽毛丰满蓬松，尾羽高翘。红色单冠和毛冠，有的个体有胡须。喙和胫为黄色。具有冠羽、胫羽、趾羽和胡须	成年体重公鸡2.0~2.5千克，母鸡1.5~2.5千克。210日龄开产，年产蛋110~125枚，平均蛋重56~60克。蛋壳颜色以褐色为主，也有少量淡紫色
惠阳鸡	肉用	广东	体型中等，体质结实，胸深背宽，胸肌发达，体形似葫芦瓜。单冠。喙、胫和皮肤金黄色	成年体重公鸡2.2千克，母鸡体重1.6千克，150~180日龄开产，年产蛋60~108枚，平均蛋重47克，蛋壳褐色

(续表)

品种	类型	原产地	外貌特征	生产性能
仙居鸡	蛋用	浙江	体型轻巧紧凑,羽毛紧贴体躯,黄色居多,背部平直。喙、胫、皮肤黄色	成年体重公鸡1.44千克,母鸡1.25千克,开产日龄150天左右,年产蛋量180~220枚,平均蛋重42克,蛋壳褐色
寿光鸡	兼用	山东	体躯高大,体长,胸深丰满,胫高而粗,体躯近似方形,以黑羽(闪绿光)、黑腿、黑嘴"三黑"著称,皮肤白色	成年体重公鸡2.9~3.6千克,母鸡2.3~3.3千克,开产日龄5~9个月,年产蛋量120~150枚,平均蛋重65克,蛋壳深褐色
庄河鸡	兼用	辽宁	体高颈长,胸深背长,羽色多为麻黄色,尾羽黑色,喙、胫黄色	成年体重公鸡3.2千克,母鸡2.3千克,开产日龄210天左右,年产蛋量160枚,平均蛋重约62克,蛋壳褐色
固始鸡	兼用	河南	体躯中等,体型紧凑,头部清秀、匀称,喙短青黄色,眼大略外突,单冠为多,脸冠肉垂耳叶均红色。羽毛丰满,公鸡呈深红、黄色,母鸡以黄、麻黄为主,佛手尾或直尾,胫靛青色,皮肤白色	成年体重公鸡2.5千克,母鸡1.8千克,开产日龄205天,年产蛋量141枚,蛋形偏圆,蛋壳质量好,平均蛋重52克,蛋壳褐色
萧山鸡	兼用	浙江	体躯偏大近似方形,头部中等,单冠、耳叶、肉垂均红色,公鸡体格健壮,昂头翘尾,羽毛紧密,红色、黄色,母鸡体格较小,羽毛黄色或麻黄色,喙胫黄色	成年体重公鸡2.76千克,母鸡1.94千克,开产日龄170天左右,年产蛋120枚,蛋黄颜色深,蛋品质好,平均蛋重56克,蛋壳褐色
狼山鸡	兼用	江苏	狼山鸡体格健壮,头昂尾翘,具有典型的"U"字形特征,面部、耳叶及肉垂均呈鲜红色,虹彩以黄色为主,皮肤为白色,缘黑褐色,胫黑色。全身羽毛以黑色最多,黄羽次之,白羽最少	成年体重公鸡2.84千克,母鸡2.28千克。开产日龄208天,年产蛋160~170枚,蛋重59克,蛋壳呈褐色

二、鸭的主要品种

1. 北京鸭

原产于北京市，是世界上最著名的肉用鸭种，现已遍布全球。体躯结实匀称，胸深而突出，背宽而长，腹部丰满，全身羽毛洁白，喙、蹼均为橘黄色。成年公鸭体重3.25~4千克，母鸭3~3.5千克。初产日龄150~160天，蛋重90~100克，鸭适应性强，性情温顺，生长发育快，体大而重，易育肥，肉质好。

2. 绍兴鸭

原产于浙江省，是中国著名的蛋用品种，属小型麻鸭，体躯狭长，臀部丰满，腹略下垂，全身羽毛以褐色麻雀毛为基色，经选育后年产蛋量280~300枚，高产者可达300枚以上，平均蛋重66克左右，壳色白色和青色。成年公鸭体重1.30~1.45千克，母鸭1.25~1.45千克。

3. 金定鸭

原产于福建省，是中国优良的蛋用鸭，体型小，体躯狭长，母鸭全身羽毛赤褐色，带麻雀斑，翼部有墨绿色镜羽喙古铜色，胫蹼橘红色，爪黑色，公鸭的喙黄绿色、胫蹼呈橘红色，头颈羽毛墨绿色，前胸红褐色，背部灰褐色，腹部羽毛呈细芦花斑纹，年产蛋量260~300枚，蛋重平均73.3克，蛋壳青色，母鸭120日龄左右开产，公母配比1∶25，受精率达90%，成年公鸭体重1.76千克，母鸭1.73千克。

4. 高邮鸭

原产于江苏高邮等地，属肉蛋兼用鸭种的大型麻鸭。头大颈粗，体型长方形，母鸭全身羽毛褐色，有雀斑（有深麻、浅麻两种），喙青铜色，胫蹼红色，黑爪，公鸭羽毛颜色深，头颈部墨绿色，背腰部褐色芦花羽，臀部黑色，腹部灰白色，喙青绿色，虹彩深褐色，胫蹼橘红色。觅食能力强，以常产双黄蛋著称。生长较快，雏鸭60日龄体重2.0千克，易育肥而肉质好，成年公鸭体重3~3.5千克，母鸭2.5~3.0千克。180天开产，产蛋160枚,平均蛋重70~80克。

5. 建昌鸭

主产于四川省,属肉蛋兼用型,以生产肥肝而闻名,故又称大肝鸭,体躯宽阔,头大颈粗,公鸭头、颈上羽毛墨绿色,具光泽,颈中部有一白色颈圈,前胸及鞍羽红褐色,腹部羽毛银灰色,尾羽黑色,喙墨绿色,胫蹼橙红色,母鸭羽毛以浅褐色麻雀羽居多,喙黄绿色,胫蹼橙红色,成年公鸭体重2~2.5千克,母鸭2千克,肥肝重350~450克(填肥3周),年产蛋量120~140枚,平均蛋重72克,蛋壳多为青色。

6. 番鸭

原产于南美洲,又名"洋鸭"、"瘤头鸭"、"麝香鸭",现在中国各地均有分布。番鸭的头大,颈短而上半部羽毛短疏,由眼至喙的周围无羽毛,头部长有不规则的红色或黑色肉瘤,眼鲜红色,短而呈红色或橙色或黑色,体羽有纯黑、纯白或黑的杂毛。番鸭善飞翔而不善游泳,生活力特强,少病耐粗饲,肌肉丰满,结实,屠宰率高,肉质香鲜,成年公鸭体重4.5千克,母鸭2.7~3.2千克,年产蛋100枚,蛋重65~70克。

三、鹅的主要品种

1. 狮头鹅

原产于广东,是世界著名的大型鹅种之一。成年公鹅和2岁以上母鹅的头部肉瘤特征明显,颌下咽袋发达,一直延伸到颈部,形成"狮形头",故而得名。成年公鹅体重10~20千克,母鹅9~10千克,狮头鹅的肥肝性能较好,肥肝平均重540克,最大肥肝重1 400克。

2. 郎德鹅

原产于法国,是世界著名的肥肝专用品种。体型中等,成年公鹅7~8千克,母鹅6~7千克。仔鹅8周龄活重可达4.5千克左右。肉用仔鹅经填肥后,活重达到10~11千克,肥肝重量达700~800克。郎德鹅对人工拔毛耐受性强,羽绒产量在每年拔毛两次的情况下，可达350~400克。年平均产蛋35~40枚，平均蛋重180~200克。

3. 莱茵鹅

原产于德国莱茵州，是优良的肉毛兼用鹅种，莱茵鹅体型中等，成年公鹅5~6千克，母鹅4.5~5千克，仔鹅8周龄活重可达4.0~4.5千克，年产蛋量50~60枚，蛋重150~190克。

4. 皖西白鹅

原产于安徽西部县市，具有生长快，觅食力强，耐粗饲和肉质好等特点。体型中等，成年公鹅体重5.5~6.6千克，母鹅5~6千克。母鹅就巢性较强，年产蛋量25枚左右，平均蛋重142克。

5. 豁鹅

又称豁眼鹅，因为眼睑均有明显豁口而得名，主要分布于辽宁昌图等地。该鹅产蛋量高，耐寒性强，产羽绒较多，含绒率高，90日龄体重3.0~4.0千克，全年产蛋量可达120~130枚。

第二节　家禽的孵化技术

一、选择、消毒和保存种蛋

（一）选择种蛋

1. 根据外观选择种蛋

对种蛋的一些外观指标，通过看、摸、听、嗅等感觉来鉴定种蛋的优劣，它能判断出种蛋的大致情况。合格种蛋：卵圆形，蛋壳表面无沾染粪便、污泥等异物；蛋壳厚度适中，表面无皱纹，无砂眼，无裂痕。蛋壳颜色符合本品种特征。

2. 通过透视挑选种蛋

用照蛋器对种蛋的蛋壳结构、气室大小、位置、蛋黄、蛋白、系带完整程度、血斑或肉斑，蛋黄膜是否破裂、裂纹蛋等情况，做透视观察，作综合鉴定。合格的种蛋气室小，蛋黄位于蛋的中心，呈圆形，为暗红色或暗黄色，蛋黄膜完整，蛋黄与蛋白之间分界明显，蛋内无斑点或异样阴影，蛋壳无裂纹。

（二）消毒种蛋

1. 气体熏蒸消毒法

将蛋的钝端朝上装入蛋盘，放于蛋架车上，送入消毒间（柜）或孵化机。按照1立方米空间用福尔马林溶液28毫升、高锰酸钾14克（表4-4），称取高锰酸钾，放入陶瓷或玻璃容器内（其容积比所用福尔马林溶液大至少4倍），再将所需福尔马林量好后倒入容器内，迅速关严门窗，密闭熏蒸30分钟后，打开所有通风设备，排出余气。

表4-4 高锰酸钾、福尔马林熏蒸消毒浓度

对象	种蛋	孵化室	出雏室	入孵器	出雏器	出雏器内雏鸡	雏鸡存放室、洗涤室、垫料、车辆
浓度	2X	1~2X	3X	3X	3X	1X	3X
时间（分钟）	20~30	30	30	60	30	3	30

注：1X =（14毫升福尔马林 + 7克高锰酸钾）/立方米，室温24℃，相对湿度75%。

2. 消毒药液浸泡或喷洒消毒法

孵化量少的种蛋消毒可用这种方法。取浓度为5%的新洁尔灭原液一份倒入盆中，加50倍40℃温水配制成0.1%的新洁尔灭溶液，把种蛋放入该溶液中浸泡5分钟，捞出沥干入孵。如果种蛋数量多，每消毒30分钟后再添加适量的药液，以保证消毒效果，也可用喷雾器把药液喷洒在种蛋的表面。

（三）保存种蛋

种蛋用蛋架存放保存，锐端向上放置。温度保持在12~18℃，相对湿度保持在70%~80%，应通风良好、卫生干净。种蛋的保存期在7天以内为好，夏季保存1~3天为好。种蛋贮存 7 天内，可不翻蛋，若保存时间超过一周，则每天翻蛋 1 ~ 2 次。

二、提供适宜的孵化条件

（一）温度

温度是孵化最重要的条件，对孵化成功与否起决定作用。家禽胚胎发育的适宜温度为 37 ~ 38℃。

供温方式有恒温和变温孵化两种。分批入孵采用恒温孵化：1 ~ 19 天为 37.8℃。整批入孵采用变温孵化：温度设定采取"前高、中平、后低"的方式，一般第 1 ~ 10 天为 37.9 ~ 38℃，第 11 ~ 15 天设定为 37.8℃，第 16 ~ 18 天设定为 37.7℃。出雏温度控制在 36.8 ~ 37.3℃。要求孵化室内的温度为 22 ~ 26℃。

（二）湿度

适宜的湿度在孵化初期使胚胎受热均匀，后期利于散热和啄壳出雏。湿度还影响种蛋内水分的蒸发。

孵化机湿度要求 50% ~ 55%，出雏机则以 65% ~ 70% 为宜，孵化室、出雏室为 60% ~ 70%。

（三）通风

胚胎在整个发育过程中必须不断地与外界进行气体交换，通风可以提供胚胎发育需要的氧气，排出二氧化碳，当空气中氧气含量为 21%，二氧化碳含量为 0.4% 时孵化率最高，胚胎对空气的需要量后期为前期的 110 倍。若氧气供应不足，二氧化碳含量高，会使胚胎生长停止，产生畸形，严重时造成中途死亡。在孵化后期，通风还可帮助驱散余热，及时将机内聚积的多余热量带走。但通风过度会影响到温度和湿度，使雏鸡出现眼睛闭合，眼部绒毛粘连，脱水，粪便呈绿色等。

（四）翻蛋

孵化过程中翻蛋既可防止胚胎与蛋壳粘连，还能促进胚胎的活动，保持胎位正常，以及使胚蛋受热均匀，发育整齐、良好。因此孵化期间每天应定时翻蛋，尤其孵化前期翻蛋作用更大。

三、孵化管理

（一）孵化厂的建设

孵化厂是一个独立的隔离场所，用水用电要方便。厂址应远离交通干线（500米以上）、居民点（不少于1 000米）、鸡场（1 000米以上）和粉尘较大的工矿区。孵化厂的建筑要求通风、保温，内装修要利于冲洗清洁。高度应据所购孵化器的型号而定，原则是孵化器的高度再加2～2.5米为其净空高度。具体的要求应根据实际情况而定。

根据孵化厂的服务对象及范围，确定孵化厂规模。建孵化厂前认真做好社会调查（如种蛋来源及数量，雏鸡需求量等），弄清雏鸡销售量，以此来确定孵化批次、孵化间隔、每批孵化量。在此基础上确定孵化室、出雏室及其他各室的面积。孵化室和出雏室面积，还应根据孵化器类型、尺寸、台数和留有足够的操作面积来确定。一般入孵器和出雏器数量或容量的比例4∶1较为合理。

（二）孵化前的准备

1. 孵化器的检修

种蛋入孵前，要全面检查孵化机各部分配件是否完整无缺，通风运行时，整机是否平稳；孵化机内的供温、鼓风部件及各种指示灯是否都正常；各部位螺丝是否松动，有无异常声响；特别是检查控温系统和报警系统是否灵敏。待孵化机运转1～2天未发现异常情况，才可入孵。

2. 孵化温度表的校验

将孵化温度表与标准温度表水银球一起放到38℃左右的温水中，观察它们之间的温差。

3. 孵化机内温差的测试

在机内的蛋架装满空的蛋盘，用27支校对过的体温表固定在机内的上、中、下、左、中、右、前、中、后27个部位。然后将蛋架翻向一边，通电使风机正常运转，机内温度控制在

37.8℃左右，恒温0.5小时后，取出温度表，记录各点的温度，再将蛋架翻转至另一边去，如此反复各2次，了解孵化机内的温差及其与翻蛋状态间的关系。

4. 孵化室、孵化器的消毒

彻底消毒孵化室的地面、墙壁、天棚。每批孵化前机内必须清洗，并用福尔马林熏蒸，也可用药液喷雾消毒。

5. 入孵前种蛋预热

在22~25℃的环境中放置12~18小时或在30℃环境中预热6~8小时。

6. 码盘、入孵

整批孵化时，将装有种蛋的孵化盘插入孵化蛋架车推入孵化器内；分批入孵，装新蛋与老蛋的孵化盘应交错放置，保持孵化架重量的平衡。在孵化盘上贴上标签。

7. 种蛋消毒

种蛋入孵前后12小时内再熏蒸消毒一次。

(三) 孵化的日常管理

1. 温度的观察与调节

孵化机的温度调节器在种蛋入孵前已经调好定温，之后不要轻易扭动。每隔1~2小时检查箱温一遍并记录一次温度。判断孵化温度适宜与否，除观察门表温度，还应结合照蛋，观察胚胎的发育状况。

2. 湿度的调节

湿度的调节，是通过放置水盘多少、控制水温和水位高低或确定湿球温度来实现的。湿度偏低时，可增加水盘，提高水温和降低水位；湿度过高时，应除去供水设备，加强通风，切忌地面喷水。

3. 翻蛋

全自动翻蛋的孵化机，每隔1~2小时自动翻蛋一次；半自动翻蛋的，需要按动左、右翻按钮键完成翻蛋全过程，每隔2小时翻蛋一次。

4. 通风

整批入孵的前3天（尤其是冬季），进、出气孔可不打开，随着胚龄的增加，逐渐打开进出气孔，出雏期间进、出气孔全部打开。分批孵化，进、出气孔可打 1/3～2/3。

5. 照蛋

一般整个孵化期照蛋1～2次。头照，鸡在5胚龄（鸭在6～7胚龄；鹅在7胚龄）。胚蛋可明显看出黑眼点，俗称"黑眼"；二照，在移盘前，鸡在19胚龄（鸭在25～26胚龄，鹅在28胚龄）。胚蛋气室处有黑影闪动，俗称"闪毛"。此外，还可在胚胎发育中期进行"抽验"，鸡在10～10.5胚龄（鸭在13～14胚龄，鹅在15～16胚龄）。整个胚蛋除气室外布满血管，俗称"合拢"，三次照蛋的胚蛋特征见图4-1。

照蛋前先提高孵化室温度（气温较低的季节），将蛋架放平稳，抽取蛋盘摆放在照蛋台上，迅速而准确地用照蛋器按顺序进行照检，并将无精蛋、死胚蛋、破蛋捡出，空位用好胚蛋填补或拼盘。最后记录无精蛋、死精蛋及破蛋数，登记入表，计算种蛋的受精率和头照的死胚率。

6. 凉蛋

通常孵鸭、鹅蛋必须凉蛋，孵鸡蛋则应视其孵化机性能、孵化制度、季节、胚龄、孵化室构造等因素而灵活掌握。方法是打开机门，或把蛋架车从机内拉出凉蛋。

7. 移盘

孵化鸡蛋的移盘时间一般在第19天。具体移盘时间应当在鸡胚中有1%开始出现"打嘴"时进行。移盘前提高室温，将胚蛋从孵化盘移到出雏网盘内，把蛋横放，不要重叠。移盘后最上层的出雏盘加盖网罩。

8. 拣雏、助产

孵化的20.5天出雏进入高峰，21天出雏全部结束。在出雏高峰期,每4小时拣雏1次,拣雏时要轻、快。

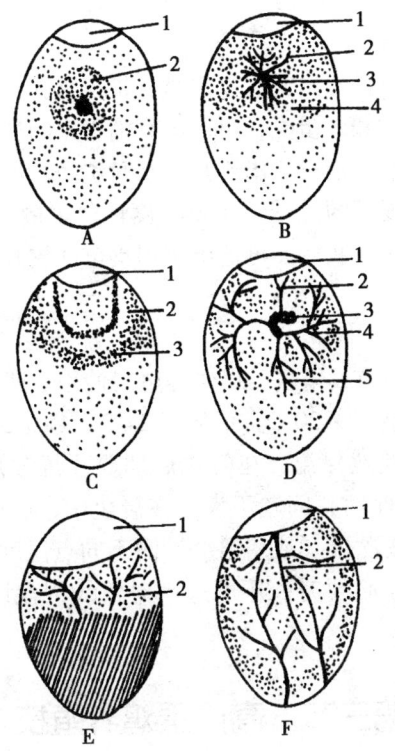

A 头照无精蛋;1.气室;2.蛋黄
B 头照弱精蛋;1.气室;2.血管;3.胚胎;4.蛋黄
C 头照死精蛋;1.气室;2.血管;3.蛋黄
D 头照正常蛋;1.气室;2.血管;3.眼睛;4.胚胎;5.蛋黄
E 二照活胚蛋"封门";1.气室;2.血管
F 抽检活胚蛋"合拢";1.气室;2.血管

图4-1 三次照蛋的胚蛋特征

对少数未能自行脱壳的雏鸡,进行人工助产,操作时破去钝端蛋壳,拉直头颈,放入出雏器,使其自行挣扎脱壳。

对初生雏鸡进行选择、雌雄鉴别、接种马立克氏苗，同时计数、装箱。

9. 清扫消毒

出雏完毕，抽出出雏盘、水盘，检出蛋壳，彻底打扫出雏器内的绒毛、污物和碎蛋壳，再用蘸有消毒水的抹布或拖把对出雏器底板、四壁清洗消毒。出雏盘、水盘洗净、消毒、晒干，彻底清洗干湿球温度计的湿球纱布及湿度计的水槽，纱布最好更换。全部打扫、清洗彻底后，再把出雏用具全部放入出雏器内，熏蒸消毒备用。

10. 停电时的措施

孵化厂应备有发电机，以供停电时使用。遇到停电首先拉电闸。室温提高至27~30℃，不低于24℃。每0.5小时转蛋一次。在孵化前期要注意保温，在孵化后期要注意散热。孵化前、中期，停电4~6小时，问题不大。在孵化中、后期停电，必须重视用手感或眼皮测温（或用温度计测不同点温度），特别是最上几层胚蛋温度。必要时，还可采用对角线倒盘以至开门散热等措施。

第三节 高产蛋鸡养殖技术

一、雏鸡的培育

雏鸡通常是指从出壳至6周龄的鸡。

（一）育雏前的准备

1. 提前订雏

在本身没有种鸡的情况下应提前订雏，订雏数应为育成鸡数加预防生长期间死亡、淘汰和鉴别误差的鸡数。选防疫管理好，种蛋不被白痢杆菌、霉形体、马立克病、副伤寒、葡萄球菌等污染，且出雏率高的种禽场订购鸡苗。

2. 育雏舍的准备

清除雏鸡舍内及周围环境的杂物，然后用火碱水喷洒地面，或者用白石灰撒在鸡舍周围。用火焰消毒器对育雏笼、鸡舍墙壁、地面进行灼烧，尤其对鸡笼上粘挂的鸡毛必须烧掉。上述清洗消毒完成以后，将清洗干净的粪盘、饲槽、饮水器以及育雏所用的各种工具放入舍内，然后关闭门窗，用甲醛熏蒸消毒。熏蒸时鸡舍的湿度控制在70%以上，温度10℃以上。消毒剂量为每立方米体积用福尔马林42毫升加42毫升水，再加入21克高锰酸钾。1~2天后打开门窗，通风晾干鸡舍。

3. 试温

在进雏前24小时将育雏舍温度升至32~35℃，离地网上平养采用育雏伞，育雏伞边缘温度为33℃左右，室内用暖气或火炉供温，保持室温22~25℃，相对湿度保持在60%~70%，在预热过程中发现热源部分出现问题要及时解决。试温时，育雏人员要按进雏后同样严格的卫生要求，保持环境清洁，以免污染已消毒过的房舍与设备。

4. 准备好育雏用的各种物质与用具，如饲料、垫料、疫苗、药物、育雏记录表格等。

（二）雏鸡的饲养

1. 饮水

雏鸡运到雏鸡舍后，在育雏舍经短时间休息、适应后，先供给饮水，水温以18~20℃为宜。第一次饮水用0.05%高锰酸钾溶液，用手指伸入水中可见微红即可。对清除胎粪、促进卵黄吸收有好处。前2天饮水中加入5%的红糖和0.1%的维生素C，以降低雏鸡的死亡率。以后保持有清洁饮水。一般情况下，雏鸡一天换3次水，天气炎热时，增加换水次数。

2. 开食

开食一般在初饮后3小时至出壳24小时以前，观察鸡群，当有1/3的个体有寻食、啄食表现时就可开食。方法是将准备好的饲料撒在硬纸、塑料布上,或浅边食槽内。一般初期采用自由采食,3天后至前2周每天喂6次,其中夜里喂1~2次;第3~4周每天喂5次,5周以后每天4次。如果是笼养,从第3周起可以自由采食。

(三)雏鸡的管理

1. 饲喂方式和密度

育雏期的饲养方式可分为地面平养(厚垫草)、网上平养和立体笼养。不同的饲养方式其饲养密度不同(表4-5)。

表4-5 不同饲养方式雏鸡饲养密度

(单位:只/平方米)

地面平养		立体笼养		网上平养	
周龄	鸡数	周龄	鸡数	周龄	鸡数
0~6	13~15	1~2	60	0~6	13~15
7~12	10	3~4	40	7~18	8~10
12~20	8~9	5~7	34		
		8~11	24		

2. 环境条件

(1)温度 开始育雏阶段,必须给以较高的温度,一般35℃以上对雏鸡更有利于卵黄的吸收和抗白痢。第2周开始,每周降低2~3℃。并根据气温情况,在5~6周龄左右脱温。适宜的育雏温度见表4-6。表中温度上限指白天温度,下限为夜间温度。

表4-6 育雏的温度

日龄	1~3天	4~5天	6~7天	2周龄	3周龄	4周龄	5周龄	6周龄
温度(℃)	35~36	32~34	30~32	28~30	26~28	22~24	20~22	18~20

育雏第一天要求温度达到35℃。根据雏鸡的分布和活动情况,来判断育雏温度是否合适。温度合适时雏鸡表现安详,分布

均匀;温度高时,雏鸡远离热源,张嘴呼吸;温度低时,雏鸡在热源处扎堆;有贼风时,雏鸡则躲向一侧。

(2)湿度　育雏室的相对湿度:1~2日龄为65%~70%,10日龄以后为55%~60%,育雏前期要增大环境湿度,随日龄的增加,要注意防潮。尤其要注意经常更换饮水器周围的垫料,以免腐烂、发霉。

(3)通风　通风和保温是相互矛盾的,每日应定时进行,寒冷季节宜在中午进行。通风换气时将舍温升高1~2℃,做到既通风又不降温。要根据鸡舍内气味好坏灵活启闭通风门窗。通风换气要随季节、温度变化而调整。

(4)光照　光照强度:初期用较强的灯光,可用60~100瓦的灯泡,3天之后夜间换成45~25瓦的灯泡。光照时间:3天之内的光照为23小时/天,之后每周减1~2小时。也可用自然光照,夜间为了给雏鸡补饲,定时开2次灯,每次2小时左右。

3. 断喙

在7~10日龄进行断喙。将断喙器加热到刀片颜色呈暗红色(温度在800℃左右)。

图4-2　雏鸡精确断喙和长大后的喙形

单手握雏,拇指压住鸡头顶,食指放在咽下并稍微用力,使雏鸡缩舌防止断掉舌尖。将头向下,后躯上抬,按断喙器圆孔的深度将鸡喙插入断喙器内,边切边烙,将上喙切去1/2(喙端至鼻孔），下喙切去 1/3，断喙后雏鸡下喙略长于上喙，如图 4-2 所示。切掉喙尖后，在刀片上灼烫 1.5~2 秒，有利止血。断喙期间在水中添加电解质和维生素，料槽中的饲料要加厚。

4. 分群

随着鸡的长大要进行分群，为了减少应激，一般结合免疫工作同时进行。注意挑出弱小鸡，进行单独饲养。观察鸡群，特别是由网上转到地面饲养的鸡在黑天、关灯后极易产生扎堆现象，此时要及时将鸡群驱赶开。

5. 预防疾病

育雏期易发的细菌性疾病有沙门氏菌引起的鸡白痢、副伤寒；大肠杆菌引起的脐炎；还有球虫病和传染性法氏囊病。预防用药可按以下程序：

第 3~7 天选用抗生素预防细菌感染，以后根据鸡群状态可隔 7~10 天再次用药，随日龄增大，间隔用药时间延长。可选用的抗生素有四环素、土霉素、恩诺沙星等。平养的雏鸡 15 天左右需第一次投抗球虫药，垫料平养更须注意防球虫病。可选用药有氯苯胍、克球灵等。法氏囊、鸡瘟等传染病的防治要进行免疫接种和严格的环境消毒、环境净化。

育雏前期常在水中给药，让雏鸡自由饮用，也可拌料给药。对雏鸡进行饮水免疫前应断水 4~6 小时以上。通常晚上停水，次日早晨喂疫苗水。饮水免疫的水质要好。蒸馏水、冷开水和井水均可。不能用经过消毒的自来水。在水中加入 2% 的脱脂奶粉或鲜奶，能提高免疫效果。

6. 日常管理

（1）经常观察鸡群的精神状态、行动情况，睡眠是否安静，食欲是否正常，饮水是否充足，粪便是否正常等，在注射疫苗和其他应激后，更应仔细观察。（2）经常清洁饲料器，每天冲洗饮水器，保持舍内卫生，垫料勤晒勤换。（3）经常检查温度是否恰当，鸡群是否感到舒适。适时做好脱温工作。（4）发现鸡舍有死鸡应及时捡出,发现病鸡及时抓出隔离治疗,全群针对发病情况投喂一些预防药。(5)做好育雏记录,项目包括日龄、数量、每天死亡及出售数量,每天饲料消耗量及饲料型号,称重情况,上市体重等,最后统计发病率、死亡率及总的成活率。

二、育成鸡的培育

育成鸡一般是指7~18周龄的鸡。

(一)育成鸡的饲养

1. 逐步换料

当鸡群7周龄平均体重和胫长达标时,将育雏料换为育成料。若此时体重和胫长达不到标准,则继续喂雏鸡料,达标时再换;若此时两项指标超标,则换料后保持原来的饲喂量,并限制以后每周饲料的增加量,直到恢复标准为止。

更换饲料要逐渐进行,如用2/3的雏鸡料混合1/3的育成料喂2天,再各混合1/2喂2天,然后用1/3育雏料混合2/3育成料喂2~3天,以后就全喂育成料。

2. 增大饮水和采食位置

随着鸡龄的增加,要增大育成鸡的采食和饮水位置,并使料槽和水槽高度保持在鸡背水平上。每只鸡所需采食和饮水位置见表4-7。

表4-7 每只鸡所需的采食和饮水位置 (单位:厘米)

周龄	采食位置		饮水位置
	干粉料	湿拌料	
7	6~7.5	7.5	2~2.5
8	6~7.5	7.5	2.2~5
9~12	7.5~10	10	2.2~5
13~18	9~10	10	2.5~5
19~20	12	13	2.5~5

3. 限制饲养

（1）限饲时间　根据育成鸡的体重及健康状况具体确定限饲开始和终止时间。一般最早在 8 周龄开始限饲，最晚 18 周龄结束，可以全程也可以中间某一段时间限饲。

（2）限饲方法　限制饲养方法有限质、限量和限时等。限质法，即在氨基酸平衡的条件下，饲料的粗蛋白质从 16% 降至 12%～13%；或将饲料的赖氨酸降为 0.39%，可延迟性成熟；限量法，即每天饲喂自由采食量的 92%～93% 的全价饲料，饲料的质量可以不变；限时法分为以下几种：

每天限时：每天固定采食时间，其他时间不喂料。

隔日饲喂：隔 1 天喂料 1 天，1 天喂 2 天的饲料。

每周停喂 1 天：把 7 天的饲料集中在 6 天饲喂。

每周停喂 2 天：把 7 天的饲料集中在 5 天饲喂。

无论限饲几天，保证该周喂料总量为不限饲的 92%～93%。

4. 补充砂粒和钙

从 7 周龄开始，每周每 100 只鸡应给予 500～1 000 克砂粒，撒于饲料面上，前期用量少且砂粒直径小，后期用量多且砂粒直径增大。

从 18 周龄到产量率 5% 阶段，日粮中钙的含量增加到 2%，以供小母鸡形成髓质骨，增加钙盐的贮备。最好单独喂给 1/2 的粒状钙料，以满足每只鸡的需要，也可代替部分砂粒，改善适口性和增加钙质在消化道内的停留时间。

（二）育成鸡的管理

1. 转群

7～8 周龄，由雏鸡舍转到后备舍（也可育雏、育成一起完成，勿需转群）。18～19 周再由后备舍转到产蛋舍或上笼饲养。

转群的前 3 天在饲料中适当添加多维和抗生素，以增强鸡群抵抗力。

夏季选择在凉爽的早晨，冬季在暖和的中午转群，捉鸡时轻拿轻放，防止机械损伤，淘汰出病弱残次的鸡和鉴别错误的公鸡。

2. 驱虫

地面养的雏鸡与育成鸡比较容易患蛔虫病与绦虫病，15～60日龄易患绦虫病，2～4月龄易患蛔虫病，应及时驱虫。

3. 接种疫苗

根据各个地区、各个鸡场以及鸡的品种、年龄、免疫状态和污染情况的不同，因地制宜地制定本场的免疫计划，并切实按计划落实。

4. 创造适宜的环境条件

（1）适宜的密度　平养10～15只/平方米，青年鸡笼养为每小笼4～5只。

（2）适宜的光照　密闭式鸡舍雏鸡1周龄内每天光照23～24小时，2～20周龄每天保持8小时光照时间。开放式鸡舍根据出雏日期不同有两种光照方案：

1）春夏季孵出的雏鸡（4～8月），生长后期处于日照渐短或较短时期，可完全利用自然光照。

2）秋冬雏（9月至次年3月）生长阶段后期，处于日照渐长或较长时期，如完全利用自然光照，通常会刺激母雏性器官加速发育使之早熟、早衰。育成期控制光照的办法有两种。

①恒定法。查出育成期当地自然光照最长一天的光照时数，自4日龄起即给予这一光照时数，并保持不变至自然光照最长一天时止，以后自然光照至性成熟，产蛋期再增加人工光照。②渐减法。查出20周龄时的当地日照时数，将此数加5小时做为第4日龄的光照时数，从雏鸡第4日龄起以后每周减少15分钟，至20周龄正好减去5小时后为当时的自然光照。

（3）适当的通风　鸡舍空气应保持新鲜，使有害气体减至最低量。随着季节的变换与育成鸡的生长，通风量要随之改变。

5. 控制性成熟和促进骨骼发育

采用适当的光照制度和育成期限制饲养相结合以控制性成熟。同时要重视育成鸡体重和骨骼的发育，才能有较好的产蛋性能和成活率。

生长阶段从第 4 周龄开始，每隔两周进行一次体重和胫长的测定。

6. 提高均匀度

均匀度用体重和胫长两指标来衡量。均匀度测定方法：从鸡群中随机取样，鸡群越小取样比例越高，反之越低。如 500 只鸡群按 10% 取样；1 000～2 000 只按 5% 取样，5 000～10 000 按 2% 取样。取样群的每只鸡都称重、测胫长，不加人为选择，并注意取样的代表性。

$$体重均匀度 = \frac{平均体重上下范围内的鸡只数}{取校总只数} \times 100$$

这是体重的 10% 均匀度，还有要求得较高的 8% 和 5% 均匀度等衡量办法。胫长均匀度也由此类推。一般，蛋鸡群中 10% 体重均匀度应达 80，5% 胫长均匀度应在 90。

如果鸡群显著地偏离体重和胫长指标或均匀度不好，应设法找到原因，以便今后改进，如疾病、寄生虫、过于拥挤、高温、营养不良、断喙过度、通风不当等。若均匀度太差，还应分群饲养管理。

三、产蛋鸡的饲养管理

产蛋鸡一般是指 21～72 周龄的鸡。

(一) 产蛋鸡的环境条件

1. 温度

产蛋适温为 13～25℃，其中 13～16℃ 时产蛋率较高，15.5～25℃ 时产蛋的饲料效率较高。气温过高、过低对产蛋性能都有不良影响。

2. 湿度

适宜的湿度为 50%～70%，如果温度适宜，相对湿度低至

40%或高至72%,对鸡无显著影响。

3. 通风

密闭式蛋鸡舍一般采用机械通风。要使蛋鸡舍内空气新鲜,CO_2不应超过0.15%,H_2S不超过10毫克/立方米,NH_3不超过20毫克/立方米。

4. 光照

逐渐增加光照至16小时,最多不超过17小时。光照强度为20~30勒。

5. 饲养密度

蛋鸡的饲养密度与饲养方式密切相关,见表4-8。

表4-8 蛋鸡的饲养密度

饲养方式	轻型蛋鸡		中型蛋鸡	
	只/平方米	平方米/只	只/平方米	平方米/只
垫料地面	6.2	0.16	5.3	0.19
网状地面	11.0	0.09	8.3	0.12
地网混合	7.2	0.14	6.2	0.16
笼养*	26.3	0.038	20.8	0.048

*笼养所指面积为笼底面积。

(二)产蛋期的饲养管理

1. 开产前后的饲养管理

开产前后指18~25周龄。

(1)适时转群 彻底清洗、修补和消毒产蛋鸡舍后,将17~18周龄的青年母鸡转入,最迟不超过20周龄。

转群前在产蛋鸡舍准备充足的饮水和饲料,使鸡一到产蛋舍就能饮到水、吃到料。转群时注意天气不应太冷太热,冬天尽量选择晴天转群,夏天可在早晚或阴凉天气进行。捉鸡要捉双脚,不要捉颈或翅,且轻捉轻放,以防骨折和惊恐。逐只进行选择,把发育不良的、病弱的鸡只淘汰掉,断喙不良的鸡也要重新修整,并计好鸡数。把人员分成抓鸡组、运鸡组和接鸡组,提高工作效率,避免人员交叉感染。

(2)满足开产前的营养需要 开产前3~4周内,喂给青年母鸡较高的营养浓度,与产蛋高峰期相同(钙除外)。此时饲料中钙含量增加到2%,20周龄时,再将钙的水平提高到3.75%。

(3)增加光照时间和强度 19~20周龄开始增加光照时间和强度,且光照控制必须与日粮调整相一致。

(4)准备产蛋箱 平养鸡群开产前两周,在墙角或光线较暗处放置好产蛋箱。每4~5只母鸡放1只产蛋箱,每4~6只产蛋箱连成一组。箱内铺垫草,保持清洁卫生。产蛋箱的规格不可太小,能让鸡在内自如地转身,一般长40厘米,宽30厘米,高35厘米。

2. 高峰期的饲养管理

现代高产蛋鸡多在28周龄左右到达产蛋高峰,前后约有10周时间,产蛋率在90%以上。

(1)充分满足母鸡的营养需要 供给优良的、营养完善而平衡的高蛋白、高钙日粮,满足鸡群对维生素A、维生素D_3、维生素E等各种营养的需要,并保持饲料配方的稳定。实行自由采食,并随产蛋率的增加逐渐增加喂饲量和光照时间(16小时为止),饲喂量的增加要在产蛋量上升之前。当产蛋率下降时,减少饲喂量要缓慢,并在产蛋下降之后。

(2)减少鸡群应激 保持各种环境条件(温度、湿度、光照、通风等)尽可能的适宜、稳定或渐变。注意天气预报,及早预防热浪与寒流,采取有效的防寒降温措施。按常规进行日常的饲养管理,使鸡群免受惊吓。鸡群的大小与密度要适当,提供数量足够、放置均匀的饮、喂设备等。接近鸡群时给以信号,轻捉轻放,尽可能在弱光下进行。尽量避免连续进行可引起鸡骚乱不安的技术操作。谢绝参观者入舍,特别是人数众多或奇装异服者。不喂给影响产蛋的药物(如磺胺类);预知鸡处于逆境时,加倍供给饲料中的维生素。

3. 产蛋后期的饲养管理

产蛋后期指 43~72 周龄。

(1) 调整日粮组成　参照各类鸡产蛋后期的饲养标准进行，一般可适当降低粗蛋白水平（降低 0.5%~1%），能量水平不变，适当补充钙质，最好采用单独补充粒状钙的形式。

(2) 限制饲养　一般轻型蛋鸡不限饲，只调整日粮组成；中型蛋鸡要进行限饲。

限饲的具体方法：在产蛋高峰后第三周开始，将每 100 只鸡的每天饲料摄取量减少 220 克连续 3~4 天。只要产蛋量下降正常，这一减料方法可一直持续下去。此期的饲料减量不超过 8%~9%。

(3) 淘汰提前换羽和低产的母鸡　观察鸡的头部，低产鸡一般冠小、萎缩、粗糙而苍白；如日粮中含有黄玉米或叶粉，则低产鸡眼圈与喙呈黄色。当发现料槽中或粪板上有羽毛时，检查鸡体，如主翼羽已脱换，且耻骨变粗糙，间距缩小，即为早换羽的停产鸡，都应淘汰。另外，对一些体小身轻，或过于肥大，或已瘫痪有肿瘤的鸡，也应及时淘汰。

(4) 增加光照时间　在全群淘汰之前的 3~4 周，逐渐增加光照时间至 17 小时，可刺激多产蛋。

4. 日常管理

(1) 投料　每日根据产蛋性能和季节等因素，先计算好喂料量，分 1 次或 2 次投放。

(2) 匀料　每次除投料外，至少匀料 2 次。

(3) 给水和清洗水槽　不管什么水槽每日均应清洗 1 次。

(4) 清扫地面　每天打扫 1 次地面和周围环境。

(5) 捡蛋　固定捡蛋时间，捡蛋时轻拿轻放，剔出破蛋，抹干净脏蛋。

(6) 检查鸡群　每日检查鸡群 2 次，发现伤、残、病、死鸡及时拿出和处理。

（7）检查笼门和鸡笼底网　及时发现破损处并修理好。

（8）清洗蛋盘　每天清洗消毒后使用。

（9）鸡舍门口的消毒　定期更换鸡舍门口的消毒药物。

（10）查看鸡舍四周　每天对鸡舍内外四周查看一次，看是否有老鼠和其他动物出入的痕迹，发现鼠洞及时用水泥堵住。

（11）做好生产记录　对每天的生产情况和异常情况，详细记录，如表4-9，以便分析生产情况。

表4-9　产蛋鸡舍鸡群生产情况一览表

日期	周龄	日龄	当日存养		减少鸡数（只）						产蛋数	破蛋数	耗料（千克）	备注(温度、湿度、防疫等)
			公	母	病死	压死	兽害	啄肛	出售	其他	小计			

（三）炎热季节管理技术

1. 鸡舍的屋顶铺设隔热层。

2. 加大通风量，打开所有门窗，必要时安装风扇，加强通风。

3. 喷雾降温，在鸡舍中央处装一条水管，每隔4~6米装一个喷头，在中午或下午进行喷雾，少量多次，同时配合风机通风。

4. 密闭式鸡舍，实行纵向通风，湿帘降温。

5. 增加饮水器，保证鸡有足够的清凉饮水（深井水更好），夏天不能停水。

6. 调整饲料配方，适当提高日粮的营养浓度。

7. 饲料中添加抗热应激药物，如碳酸氢钠、氯化钾、维生素 C、维生素 E 等。

8. 改变饲喂时间，在清晨较凉爽的时候喂料，饲料应新鲜。

9. 及时清粪，减少鸡舍内有害气体产生。

10. 在鸡舍内放一些冰块，降低舍温，并在饮水中投放冰块，降低水温。

（四）冬季蛋鸡管理技术

1. 做好鸡舍的保暖工作，检查门、窗、墙壁、屋顶是否有缝隙，防止贼风。

2. 适当提高室温和水温，用采暖设备给鸡舍加温，冬天用温水喂鸡。

3. 处理通风与保暖的关系，当保温与通风有矛盾时，优先考虑通风。

4. 适时增加喂料量，以环境 10℃ 为基准，每降低 1℃ 温度，应增加 1 克的喂料量。

第四节　快大型肉鸡养殖技术

一、选择饲养方式

快大型肉鸡有平养、笼养和笼养与平养相结合 3 种饲养方式，平养又分为厚垫料地面平养和网上平养。厚垫料平养节省劳力，投资少，肉鸡残次品少，但球虫病难以控制，药品和垫料开支大，鸡只占地面积大。网养、笼养饲养量大，利于防球虫病，但一次性投资大，胸、脚病发生率较高。笼养与平养相结合的饲养方式是对 2~3 周内的肉鸡实行笼养，然后实行地面饲养。具有笼养和平养的优点。

二、提供良好的环境条件

(一) 饲养密度

适宜的饲养密度,依饲养方式、鸡舍类型、垫料质量、养鸡季节和出场体重而异。

按鸡舍使用面积计算:1~7日龄,30只/平方米;8~14日龄,25只/平方米;15~28日龄,20只/平方米;29~42日龄,15只/平方米;43~56日龄,8~10只/平方米。

按每平方米体重计算,饲养密度,参考表4-10,注意在育雏前期不能按体重计算。

表4-10 不同体重肉仔鸡的饲养密度

(单位:只/平方米)

体重(千克/只)	厚垫料平养	竹竿网养
1.4	14	17
1.8	11	14
2.3	9	10.5
2.7	7.5	9
3.2	6.5	8
体重(千克/平方米)	20	25

出场时最大收容密度可达每平方米30千克活重,若每只2千克,则最多每平方米15只。

笼养时密度可比平养高1倍以上。

(二) 温度

开始育雏时保温伞边缘离地面5厘米处的温度以35℃为宜,第2周龄起伞温每周下降2~3℃,冬天降幅小,夏天降幅大些,至第5周降至21~23℃为止,以后保持这一温度;或从35℃起,每天下降0.5℃至30天达20℃。要求平稳降温。脱温后舍内温度保持20℃左右为最好。

(三) 通风

由于肉鸡饲养密度大生长快,加强舍内环境通风,保持空气的新鲜是非常必要的。

第1、第2周时以保温为主适当注意通风;3周开始要适当提高通风量和延长通风时间;4周龄后,除非冬季,则以通风为主,尤其是夏季。鸡舍要安装足够的通风设备,以便必要时能达到最大功率。

(四) 湿度

最适宜的湿度为:0~7日龄70%~75%;8~21日龄60%~70%,以后降至50%~60%。

增加舍内湿度的办法:一般在育雏前期,需要增加舍内湿度;如果是笼养或网上平养育雏,则可以在水泥地面上洒水以增加湿度;若厚垫料平养育雏,则可以向墙壁上面喷水或在火炉上放一个水盆蒸发水汽,以达到补湿的目的。降低舍内湿度的办法:升高舍内温度,增加通风量;加强平养的垫料管理,保持垫料干燥;冬季房舍保温性能要好,房顶加厚,如在房顶加盖一层稻草等;加强饮水器的管理,减少饮水器内的水外溢;适当限制饮水。

(五) 光照

实行24小时全天连续光照,或23小时连续光照1小时黑暗。有窗鸡舍,可以白天自然光照,夜间人工补光。

肉鸡一般采用弱光照制度。在育雏的1~4日龄给予较强的光照,3.0瓦/平方米,15~30日龄为1.5瓦/平方米,30日龄以后为0.75瓦/平方米。对于有窗或开放式鸡舍,要采用各种挡光的方式遮黑;对于密闭式鸡舍,应安装光照强弱调节器,按照不同时期的要求控制光照强度。

三、饲养设备技术要求

肉鸡的饲养设备和其他鸡种是相似的,但某些设备的容量不同,见表4-11。

表4-11 肉鸡设备技术要求

设备	要求
饮水器	前2周每100只鸡1~2个4升的真空饮水器;之后每只鸡2厘米的水槽位置或每125只鸡一个塔形自动饮水器。使用乳头饮水器每20只鸡1个乳头
食槽	第1周每100只鸡1个平底料盘。之后每100只鸡3米长食槽,或每100只鸡3个食盘
育雏伞	每个育雏伞可容纳500~1 000只雏鸡,如使用中央暖气系统,每平方米22只
护栏	护栏高度45厘米,放在距育雏伞60~150厘米处,视育雏伞的类型和季节而定
垫料	必须使用干爽、清洁、吸水、不发霉的垫料,每次放置约5厘米厚的垫料

四、肉鸡的饲养

(一) 公母分群饲养

进行雌雄鉴别将公母雏分开,按公母鸡的需要调整营养水平,前期把公鸡的蛋白质水平提高到24%,并适当添加赖氨酸,加厚垫料。公母分群饲养除了略微提高增重速度外,使同一群体中个体间的差异减小,均匀度提高,便于机械化屠宰加工,可提高产品的规格化水平。

(二) 尽早饲喂,保证采食量

肉雏鸡出壳后早入舍,早饮水,在饮水2小时后尽早开食,必要时采用人工引诱的办法,尽快让所有小鸡吃上饲料。

保证采食量的方法是,提供足够的采食和饮水位置;饲养密度、温度要适宜;防止饲料霉变提高饲料的适口性;采用颗粒料;在饲料中添加香味剂等以促进食欲。

(三) 饲喂次数与饲喂量

饲喂次数本着少喂勤添的原则,1~15日龄喂8次/天,隔3~4小时喂一次,至少不能少于6次;16~56日龄喂3~4次/天。每次喂料多少应据鸡龄大小不断调整。

五、防止肉鸡饲养管理中容易出现的疾病

（一）肉鸡腹水症

腹水症的发生与遗传、缺氧、缺硒、营养过剩及某些药物的长期使用等因素有关。控制肉鸡腹水症发生的措施：

1. 改善环境条件，特别是密度大的情况下，应充分注意鸡舍的通风换气；

2. 适当降低前期料的蛋白质和能量水平；

3. 防止饲料中缺硒和维生素 E；

4. 发现轻度腹水症时，应在饲料中补加维生素 C，用量是 0.05%。

（二）肉鸡腿病

肉鸡腿病是由遗传、营养、传染病和环境等因素的相互作用引起的。预防肉鸡腿部疾病的措施：

1. 完善防疫保健措施，杜绝感染性腿病；

2. 确保微量元素及维生素的合理供给，避免因缺乏钙、磷而引起的软脚病；缺乏锰、锌、胆碱、尼克酸、叶酸、生物素、维生素 B_6 等所引起的脱腱症；缺乏维生素 B_2 而引起的蜷趾病；

3. 加强管理，确保肉仔鸡合理的生活环境，避免因垫草湿度过大，脱温过早，以及抓鸡不当而造成的脚病。

（三）胸囊肿

胸囊肿是肉鸡胸部皮下发生的局部炎症。从管理方面防止胸囊肿的方法有：

1. 尽可能保持垫料的干燥和松软，垫料保持足够的厚度，防止露出水泥地面，及时抖松或更换垫料以防潮湿板结；

2. 勿使鸡长期处于伏卧状态，应适当活动。越是日龄大、体重大的，胸部肌肉丰满的鸡胸部受压情况越严重，囊肿发生率越高；

3. 尽量不采用金属网面饲养肉仔鸡。

六、正确抓鸡、运鸡，减少外伤

肉用仔鸡出栏时应做到：

1. 在抓鸡之前组织好人员，并讲清抓鸡、装笼、装卸车等有关操作要求；

2. 检修鸡笼，不能有尖锐棱角，笼口要平滑；

3. 抓鸡前将所有的设备升高或移走，避免捕捉过程中损伤鸡体或损坏设备；

4. 关闭大多数电灯，使舍内光线变暗，在抓鸡过程中要启动风机；

5. 用隔板把舍内鸡隔成几群，防止鸡群挤堆窒息死亡；

6. 抓鸡时间最好安排在凌晨进行，这时鸡群不太活跃，而且气候比较凉爽，尤其是夏季高温季节；

7. 抓鸡时要抓鸡腿，不要抓鸡翅膀和其他部位，每只手抓3~4只，不宜过多。入笼时要十分小心，鸡要装正，头朝上，避免扔鸡、踢鸡等动作。每个笼装鸡数量不宜过多，尤其是夏季，防止闷死、压死；

8. 装车时注意不要压着鸡头部和爪等，冬季运输上层和前面要用帆布盖上，夏季运输途中尽量不停车。

第五节 土鸡高效养殖技术

中国地方鸡种也叫土鸡、柴鸡或笨鸡。具有生长速度慢，生长周期长，抗病力强，耐粗饲，肉质、鸡蛋风味好，营养全面等特点。

一、育雏期的饲养管理

土鸡的育雏技术同快大型肉鸡。幼雏一般在5周左右可脱温饲养，脱温后即可转移到外面放养。

二、育成期的饲养管理

育成期是指雏鸡经育雏脱温后到母鸡开产、公鸡上市阶段。

此阶段以放养结合补饲方式饲养，使鸡体得到充分发育，羽毛丰满，为以后的产蛋打下基础。

（一）放养场地建设

围网放养场地确定后，要选择尼龙网围成封闭围栏，鸡可在栏内自由采食。围栏面积根据饲养数量而定，一般每只鸡平均占地 8 平方米。

选择地势高、干燥、排水良好、距离道路 500 米以上的地方搭建鸡舍，也可在树林中或林地边，坐北朝南修建鸡舍。鸡舍可采用塑料大棚式，宽 6 米，长度按鸡的数量而定，大棚顶内层铺无滴膜，上铺一层用以保温隔热的稻草，在稻草上再用塑料薄膜覆盖，并用绳固定。塑料大棚纵轴的两侧下沿可卷起或放下，以调节室内温度和换气。棚内地面可垫细沙，使室内干燥，每平方米养鸡 6~8 只，同时，搭建多层产蛋窝和栖架，产蛋窝大小以容纳 2 只鸡为宜。

（二）饲养管理要点

1. 放养季节选择

尽量安排雏鸡脱温后在白天气温不低于 10℃时开始放养。

2. 放养驯导与调教

为使鸡按时返回棚舍，便于饲喂，脱温后在早晚放归时，可定时用敲盆或吹哨来驯导和调教。

3. 供给充足的饮水

在鸡活动的范围内放置一些饮水器具，如每 50 只鸡准备 1 个饮水器，同时避免让鸡喝不干净的水。

4. 定时定量补饲

补饲时间要固定，不可随意改动。

5. 补充光照

冬春季节自然光照短，必须实行人工补光，每平方米以 3 瓦为宜。若自然光照超过每日 11 小时，可不补光。晚上熄灯后，还应有一些光线不强的灯通宵照明，使鸡可以行走和饮水。在夏季昆虫较多时，可在栖息的地方挂一些紫光灯或白炽灯。

6. 防兽害和药害

特别要注意完善防护设施，避免老鼠、猫、狗、黄鼠狼、蛇等兽害；在对树木喷洒农药时，将鸡赶入鸡舍，防止鸡农药中毒，或者使用生物农药。

7. 定期防疫与驱虫

根据当地疫病发生状况制订科学的免疫程序，定期使用药物进行驱虫。

8. 精心管理

（1）观察鸡的健康状况：放鸡时健康鸡总是争先恐后向外飞跑，病弱鸡行动迟缓或不愿离舍；补料时健康鸡往往显得迫不及待，病弱鸡不吃食或反应迟钝。

（2）清扫鸡舍和清粪时，观察粪便是否正常。

（3）晚上关灯后倾听鸡的呼吸是否正常，若带有"咯咯"声，则说明呼吸道有疾病。

三、产蛋期的饲养管理

母鸡体重达 1.3~1.5 千克时开产。饲养管理是白天让鸡在放养区内自由采食，早晨和傍晚各补饲 1 次，日补饲量以 50~55 克为宜，在整个产蛋期要做到以下几点。

（一）产蛋期饲养

饲料应以精料为主，适当补饲青绿多汁饲料。

（二）增加光照时间

一般实行早晚两次补光，全天光照为 16 小时以上，产蛋后期，可将光照时间调整为 17 小时。补光的同时补料，补光一经固定下来，就不要轻易改变。

（三）预防母鸡就巢性

昏暗环境和窝内积蛋不取，可诱发母鸡就巢性，所以应增加拣蛋次数，做到当日蛋不留在产蛋窝内过夜。一旦发现就巢鸡应及时改变环境，将其放在凉爽明亮的地方，多喂些青绿多汁饲料，鸡会很快离巢。

(四) 严格防疫消毒

在放养环境中生长的鸡，容易受外界疾病的影响，所以防疫、消毒工作必须到位。

(五) 注意天气

天气不好时，应及时将鸡群赶回棚内进行舍饲，不要外出放养，避免死伤造成损失。

第六节 鸭高效养殖技术

一、商品蛋鸭养殖

(一) 雏鸭的培育

雏鸭是指从出壳至4周龄的鸭。

1. 温度

1～3日龄30～32℃，室温保持在24℃，4日龄后每天降1℃，到28日龄后达到18℃，温度要适宜，冬季舍温要保持在10℃以上，温度不可忽高忽低。

2. 饲养密度

1周龄30～40只/平方米，2周龄25～30只/平方米，1个月龄后15只/平方米。每个围栏以300～500只左右为宜。

3. 饲养管理

(1) 适时"开水"、"开食" 雏鸭在出壳24小时内，应先"开水"后"开食"，凉开水中添加2%～3%多维葡萄糖，2～5日龄饮雏安10克加25千克凉开水，自由饮水。连用3天，可提高育雏成活率。开食可将全价配合饲料撒在料盘中，让其自由采食。料盘和饮水器每天应洗刷干净。前14日龄喂全价颗粒料（粉碎玉米60%、蛋鸭浓缩料40%），日喂6次，用饮水器饮水，用料槽喂料，喂料每次让雏鸭吃八分饱。15～21日龄日喂5次。

(2) 适时"开青"、"开荤" "开青"即开始喂给青绿饲料。青料一般在雏鸭"开食"后 3~4 天喂给。雏鸭可吃的青饲料种类很多，如各种水草、青菜、苦荬菜等。一般将青料切碎单独喂给，也可拌在饲料中喂。"开荤"指开始喂给新鲜的"荤食"。一般在 5 日龄左右就可"开荤"，先以黄鳝、泥鳅为主，日龄稍大些以小鱼、螺蛳为主。

(3) 放水和放牧 放水要从小开始训练，开始的前 5 天可与"开水"结合起来，雏鸭下水的时间，开始每次 10~20 分钟，逐步延长，可以上午、下午各一次，随着适应水上生活，次数也可逐步增加。下水的雏鸭上岸后，要让其在无风而温暖的地方理毛，使身上的湿毛尽快干燥后，进育雏室休息。

雏鸭能够自由下水活动后，就可以进行放牧训练。放牧训练的原则是：距离由近到远，次数由少到多，时间由短到长。开始每天放牧两次，每次 20~30 分钟。

(4) 及时分群 雏鸭在"开水"前，根据出雏的迟早、强弱分开饲养。第二次分群是在"开食"以后，一般吃料后 3 天左右，可逐只检查，将吃食少或不吃食的放在一起饲养，适当增加饲喂次数，比其他雏鸭的环境温度提高 1~2℃。再是根据雏鸭各阶段的体重和羽毛生长情况分群。

(二) 育成鸭的饲养管理

育成鸭是指 5~16 周龄或 18 周龄开产前的青年鸭，这个阶段称为育成期。育成期或中雏阶段是种鸭体格和生殖器官充分发育最重要的时期，其目的是培育出体质健壮的高产鸭群，控制好种鸭的体重，做到适时开产。

育成鸭可采用全放牧方式饲养和舍饲饲养。营养水平宜低不宜高，饲料宜粗不宜精，目的是使育成鸭得到充分锻炼，使蛋鸭长好骨架。尽量用青绿饲料代替精饲料和维生素添加剂，青绿饲料约占整个饲料量的 30%~50%。

（三）产蛋鸭的饲养管理

从开产到淘汰的母鸭称为产蛋鸭，产蛋鸭可利用 1~3 年，第一年产蛋多且质量好，故圈养鸭利用年限多为 1 年。

产蛋初期（产蛋率 50% 以下）日粮蛋白质水平一般控制在 15%~16% 左右即可满足产蛋鸭的营养需要；进入产蛋高峰期（产蛋率 70% 以上）时，日粮中粗蛋白质水平应增加到 19%~20% 左右。母鸭开产后 3~4 周后即可达到产蛋高峰期，在饲养管理较好的情况下，产蛋高峰期可维持 12~15 周。

蛋鸭富于神经质，在日常的饲养管理中切忌使鸭群受到突然的惊吓和干扰，在鸭舍内不要大声喧哗，更不能手拿竹竿追赶，恐吓鸭群。平时应注意通风换气，每当鸭群戏水时要将鸭舍所有的窗子打开。冬要保暖夏要降温，尽量减少冷热应激对蛋鸭的不良影响，使蛋鸭生活在安静、舒适的环境中。一般要求每天的连续光照时间应达到 16 小时，秋冬季节必须采取人工补充光照。同时还要在每间鸭舍内安装 2 只 3~5 瓦灯泡照明，以免关灯后引发惊群。

二、商品肉鸭养殖

根据商品肉鸭的生理和生长发育特点，饲养管理一般分为雏鸭期（0~3 周龄）和生长肥育期（22 日龄至上市）两个阶段。

（一）雏鸭的饲养管理

1. 提供适宜的环境条件

主要掌握好育雏期的温度、湿度、光照、通风换气、饲养密度等。接雏时鸭舍温度为 30℃，以后均匀下降，每 2~3 天降 1℃，直至 20℃，恒温到出栏。舍内湿度第一周以 60% 为宜，有利于雏鸭卵黄的吸收，随后由于雏鸭排泄物的增多，应随着日龄的增长降低湿度。适当进行通风换气，保持鸭舍内空气清新。出壳后 2~3 天，采用 24 小时连续光照，3 天以后，每天光照 23 小时，黑暗 1 小时，直到第 2 周结束。也可采用自然光照即 3 日龄后利用白天的自然光照明，早晚适当开灯喂料。1~2 周龄时，每 20 平方米提供15～30瓦的灯泡照明。雏鸭的饲养密度,见表4-12。

表4-12 雏鸭的饲养密度 (单位:只/平方米)

周龄	地面垫料饲养	网上饲养
1	15～20	25～30
2	10～15	15～25
3	7～10	10～15

2. 尽早饮水和开食

雏鸭进入育雏舍后,就应供给充足的饮水。一般采用直径为2～3毫米的颗粒料开食,第一天可把饲料撒在塑料布上,以便雏鸭学会吃食,做到随吃随撒,第二天后就可改用料盘或料槽喂料。

3. 饮喂方法和次数

饲料有粉料和颗粒料两种类型。粉料先用水拌湿,可增进食欲,每次投料不宜太多,否则易引起饲料的变质变味。使用颗粒料效果较好,可减少浪费,在食槽或料盘内应保持昼夜均有饲料,做到少喂勤添,随吃随给,保证饲槽内常有料,余料又不过多。

(二) 生长—肥育期的饲养管理

1. 饲养方式

由于鸭体驱较大,其饲养方式多为地面饲养。随着鸭体驱的增大,应适当降低饲养密度。适宜的饲养密度为:4周龄7～8只/平方米,5周龄6～7只/平方米,6周龄5～6只/平方米。

2. 喂料及喂水

应注意添加饲料,但食槽内余料又不能过多,随时保持有清洁的饮水。

3. 垫料的管理

由于采食量增多,其排泄物也增多,应加强舍内和运动场的清洁卫生管理,每日定期打扫,及时清除粪便,保持舍内干燥,防止垫料潮湿。

4. 上市日龄

商品肉鸭一般6周龄活重达2.5千克以上,7周龄可达3千克以上,饲料转化率以6周龄最高。因此,42~45日龄为其理想的上市日龄。

第七节 鹅高效养殖技术

一、雏鹅的饲养管理

雏鹅是指从出壳至4周龄的鹅。

(一) 育雏方式

按育雏设备可分为垫草平养,网上平养和笼养;按温度来源可分为给温育雏与自温育雏两种。

(二) 雏鹅的饲养

1. "开水"和"开食"

雏鹅出壳后第一次饮水称"开水"或"潮口"。雏鹅出壳24小时左右,当大多数雏鹅站立走动、伸颈张嘴、有啄食欲望时,就可进行开水。水温以25℃为宜,可用0.05%高锰酸钾液或5%~10%的葡萄糖水。"开水"后即可"开食"。开食料,可用配合饲料或颗粒饲料搭配切细的嫩青绿饲料,精饲料与青绿料比为1:2。开食方法是将配制好的开食饲料撒在塑料布上或小料槽内,引诱雏鹅自由吃食。

2. 合理饲喂

1~3日龄雏鹅吃料较少,每天喂4~5次;4~10日龄,每天喂7~8次,日粮的混和比例一般为精料30%~40%,青料60%~70%;11~20日龄,以喂青料为主,日粮混和比例为精料10%~20%,青料80%~90%,每天喂6次。

雏鹅期的饲料多用玉米、碎米、花生饼加青菜、水草等调剂饲喂。精料参考配方:玉米65%、麦麸8%、花生饼25%、骨粉1.6%、食盐0.4%。日粮营养水平:代谢能12.13兆焦/千克,粗蛋白质19.3%。

3. 放牧

放牧时间,冬季、早春21日龄后,部分羽毛开始翻白;其他季节,外界气温与育雏室内气温接近时10日龄后即可进行放牧。初次放牧天气,冬季早春择风和日丽时进行。放牧场地要求草嫩、无疫情、无污染、有饮水源。严禁在被农药污染过的草地放牧,雷雨、太阳、烈日、露水未干时不放牧,同时雏鹅放牧应注意迟放早归。

(三)雏鹅的管理

1. 保温

因雏鹅调节体温能力差,一般出壳后随季节、气候不同,需人工保温3~4周。第一周育雏室温度26~28℃,以后每周下降2~3℃直至降到18℃时开始逐步脱温。

2. 防湿

湿度过大,雏鹅容易受凉,导致伤风感冒,下痢。要求相对湿度为60%~65%。每天更换垫草一次,还要防止饮水外溢,并在保证育雏温度的前提下,注意通气换气,以保持舍内干燥。

3. 密度

注意控制饲养密度,1~5日龄,25~20只/平方米;6~10日龄,20~15只/平方米;11~15日龄,15~12只/平方米;16~20日龄,12~8只/平方米;20日龄以后,密度逐渐降低。

4. 分栏

雏鹅因种蛋、孵化技术等多种因素影响,同期出壳的雏鹅强弱大小差异仍不小,因此,必须根据雏鹅的大小,强弱进行分群,分栏饲养,每栏以25~30只为宜,对弱群要加强饲养管理,提高整齐度。

5. 放水

在放牧的同时开始放水,初次放水要求将雏鹅赶到清洁的浅水塘中,任其自由下水几分钟,再赶上岸,待梳理绒毛,毛干后再赶回舍。注意不要强迫下水,以防风寒感冒。

6. 卫生防害

搞好环境消毒和卫生很重要,饲料要新鲜,垫草要经常更换,保持清洁干燥、卫生;同时要防鼠、狗等伤害,减少应激,严禁在育雏室内大声喧哗和粗暴操作,室内电灯不能太亮,只要能看到饮水、喂料即可。

二、中雏鹅的饲养管理

中雏鹅是指5周龄至育肥前的鹅。

(一)饲养

中雏鹅的饲养采用以放牧为主,补料为辅的饲养方式。放牧场地不仅要有丰盛的青草,附近又要有清洁水塘,树阴或其他遮阳物,便于鹅随时能饮到清水和有良好的休息环境。

为了促进鹅的快速生长和更换羽毛,除放牧外,还需适当的补喂精料,以促使骨骼、肌肉的生长,防止发育不良和软脚病。参考精料配方:玉米45%,米糠20%,花生饼19%,麦皮13%,贝壳粉1.6%,骨粉1%,食盐0.4%。营养水平:代谢能10.46兆焦/千克,粗蛋白16.7%。

每天补喂次数和数量应根据鹅的日龄、增重快慢、牧草质量和采食量灵活掌握。若不放牧,可实行圈养,每天供应每只鹅青绿饲料0.5~1千克,精料0.2千克。在运动场的一边设置人工水池,供鹅每天下水游泳,以利于生长发育。水要经常更换以保持清洁。

(二)管理

主要是放牧管理,应选好牧地,有计划地放牧。一般在下午就应找好次日的放牧场地,不走回头路,以达到鹅群吃饱喝足的目的。鹅每吃一顿草后,便会自动停止采食,此时应进行放水,水塘最好能经常更换,每次放水约半小时,上岸休息40~50分钟,再继续放牧。

放牧和收牧都要对鹅群进行观察,发现病鹅应及时隔离和治疗。天热时早出晚归,天凉时晚出早归。归牧时,要进行补料。鹅舍、饲槽、水盆等要经常保持清洁卫生和定时消毒,鹅群要适时接种有关疫(菌)苗,做好各种疫病的预防工作。

规模化集约养鹅,放牧场地受到限制,一般采用栏舍饲养。舍饲养鹅要多喂青绿饲料。解决青绿饲料来源的最佳途径是种植牧草。舍饲时,要保持饮水池的清洁卫生,勤换鹅舍垫草,勤打扫运动场。舍饲育成鹅的饲料以青绿饲料为主,精、粗饲料合理搭配。运动场内需堆放砂粒,供鹅选食。尽量扩大运动场面积,使鹅能有较充足的运动场地。

三、仔鹅上市前的肥育

中雏鹅养成后,应短期育肥。以放牧为主饲养的中雏鹅,骨架较大,但胸部肌肉不丰满、膘度不够、出肉率低、稍带些青草味,经短期肥育,可改善肉质,增加肥度,提高产肉量。一般可利用收割后的麦地、稻田放牧肥育,或在光线较暗的鹅舍内舍饲肥育,每天喂以玉米、稻谷、大麦等精料,一般每只鹅每天喂400克左右,经8~10天肥育后出售。舍饲肥育,饮水应充足,光线要暗些,适当供给青饲料。

四、后备种鹅的饲养管理

后备种鹅是指70日龄以后至产蛋或配种之前,准备留作种用的鹅。

(一)生长阶段饲养

青年鹅80日龄左右开始换羽,经30~40天换羽结束。此时的青年鹅仍处于生长发育阶段,不宜过早粗饲,应根据放牧场地的草质,逐步降低饲料营养水平,使青年鹅体格发育完全。

(二)控制饲养阶段

后备种鹅经第2次换羽后,应供给充足的饲料,经50~60天便开始产蛋。此时,鹅身体发育远未完全成熟,群内个体间常会出现生长发育不整齐,开产期不一致等现象。故应采用控制饲养措施来调节母鹅的开产期,使鹅群比较整齐一致地进入产蛋期。公鹅第二次换羽后开始有性行为，为使公鹅充分成熟，120日龄起，公、母鹅应分群饲养。

在控制饲养期间，应逐渐降低饲料营养水平，日喂料次数由3次改为2次，尽量延长放牧时间，逐步减少每次喂料量。控制饲养阶段，母鹅的日平均饲料用量一般比生长阶段减少50%～60%。饲料中可添加较多的填充粗料（如粗糠），以锻炼鹅的消化能力，扩大食管容量。后备种鹅在草质良好的草地放牧，可不喂或少喂精料。弱鹅和伤残鹅等要及时挑出，单独饲喂和护理。

（三）恢复饲养阶段

经控制饲养的种鹅，应在开产前30～40天进入恢复饲养阶段。此期应逐渐增加喂料量，让鹅恢复体力，促进生殖器官发育，补饲定时不定量，饲喂全价饲料。

在开产前，要给种鹅服药驱虫并做好免疫接种工作。根据种鹅免疫程序，及时接种小鹅瘟、禽流感、鹅副黏病毒病和鹅蛋子瘟等疫苗。

五、产蛋期种鹅饲养管理

母鹅的产蛋时间大多在下半夜至上午10：00以前，故产蛋母鹅上午10：00前不要出牧。产蛋鹅的放牧地点应选在鹅舍附近，以便于母鹅及时回舍产蛋，避免在野外产蛋。鹅产蛋时有择窝的习性，形成习惯后不易改变，为便于管理，提高种蛋质量，必须训练母鹅在种鹅舍内的产蛋窝产蛋。初产母鹅还不会回窝产蛋，发现其在牧地产蛋时，应将母鹅和蛋一起带回产蛋间，放在产蛋窝内，用竹箩盖住，逐步训练鹅回窝产蛋。放牧时，若母鹅神态不安、急于找窝（如匆忙向草丛或隐蔽的场所走去），应予检查。早上放牧前要检查鹅群，发现鹅有鸣叫不安、腹部饱满、尾羽平伸、行动迟缓、不肯离舍等现象时，应捉住检查，如有蛋，就不要随群放牧。

六、休产期种鹅饲养管理

鹅的产蛋期一般只有5～7个月，还有4～5个月都是休产期。特别在南方，每年的6~9月份几乎全群停产。休产期，鹅只消耗饲料，不产蛋，管理上应以放牧为主，停喂精料，任其自由觅食青草，此期可人工拔毛，增加经济收入。

第八节 常见禽病鉴别诊断

鸡呼吸道疾病的鉴别诊断

项目 病名	病原	流行特点	主要临诊症状	主要特征病变	防制
新城疫	新城疫病毒	各种鸡均易感，发病急传播快，发病死亡率极高	精神高度沉郁，呼吸困难，嗉囊积液有波动感，倒提病鸡有大量酸臭液体从口中流出，下痢，粪便稀薄，呈黄绿色或黄白色，神经临诊症状明显	食道和腺胃及腺胃和肌胃交界处可见出血带或出血斑；腺胃乳头出血，肠黏膜枣核样溃疡，盲肠扁桃体出血、坏死	抗体监测，选择合理免疫疫苗
禽流感	A型流感病毒	不同品种和日龄的禽类均可感染，高致病性禽流感发病急、传播快，致死率可达100%	发病突然，羽毛蓬松，食欲废绝，精神极度沉郁，呆立，闭目，对刺激无反应冠髯发绀，流泪，头颈部水肿，呼吸高度困难，不断吞咽，口流黏液，叫声沙哑，拉黄白、黄绿或绿色稀粪，后期两腿瘫痪，病程1~3天致死率可达100%低致病性禽流感临诊症状较复杂，表现为不同程度的呼吸道、消化道症状，以产蛋量下降或隐性感染为主，很少死亡	皮下、浆黏膜及各组织器官广泛出血，输卵管有黏液或干酪样物或成熟卵子，肠道有大量枣核样坏死，盲肠扁桃体和胰脏出血坏死，头部水肿，肾脏大尿酸盐沉积，法氏囊肿大有黏液，低致病禽流感呼吸道及生殖道有黏液或干酪样物，输卵管柔软易碎，有成熟卵子堆积	综合性防制措施
支气管炎（呼吸道型）	冠状病毒	只感染鸡，各年龄均易感，5周龄内感染后危害严重	沉郁、减食、垂翅、低头、嗜睡，呼吸困难、张口、伸颈、喷嚏、咳嗽、流泪、流鼻涕、气管啰音鼻窦及眶下窦肿胀窒息而死，渐瘦、发育不良，病程1~2周	气管和支气管有黏条状或干酪样渗出物鼻腔及上部气管也可看到浆液或黏性渗出物气囊混浊，支气管周围可见局灶性炎症，肾病变型主要表现"花斑肾"，尿酸盐沉积	无特效药物治疗
喉气管炎	疱疹病毒	成年鸡易感，传播快，感染率高，一般病死率较低	呼吸困难、咳嗽、喘息、打喷嚏、流泪、结膜炎，鼻腔有分泌物，啰音、咳出带血黏液、张口呼吸、蹲伏伸颈、鸡冠发紫、拉稀粪、窒息而死、产蛋下降或停止	喉头和气管肿胀出血，有黏条状分泌物堵塞，有时可见干酪样渗出物或凝血块，产蛋鸡可见卵黄性腹膜炎	弱毒苗效果不佳，对症治疗

· 86 ·

(续表)

项目 病名	病原	流行特点	主要临诊症状	主要特征病变	防制
慢性呼吸道病	鸡毒支原体	雏鸡易感，可经蛋传播，寒冷季节多发	浆液性或黏液性鼻液，呼吸困难，喷嚏、咳嗽，喘气，呼吸道啰音，眼部肿胀	鼻道、气管、支气管和气囊有混浊黏稠或干酪样的渗出物，呼吸道黏膜水肿、充血、增厚。伴有肺炎	免疫接种；抗生素治疗
曲霉菌病	曲霉菌	4~12日龄禽最易感，急性群发，潮湿引起	急性病禽多伏卧、拒食，呼吸困难，气管啰音，但无明显的"咯咯"音，闭目昏睡，个别有神经症状，成年禽慢性散发	典型病例可多在肺部发现粟粒大至黄豆大黄白色或灰黄色结节，中心为干酪样坏死组织，含大量菌丝	无特效疗法，注意防霉
传染性鼻炎	鸡副嗜血杆菌	中鸡易感，发病急传播快，感染率高死亡率低	减食、产蛋下降、呼吸困难，咳嗽、喷嚏、张口呼吸、啰音、摇头，流泪、眼睑水肿、眼内及窦内有干酪样物质，双目闭锁，头部肿大	主要在窦腔。内有淡黄色干酪样渗出物。气囊炎、肺炎和卵泡变性、坏死或萎缩	抗生素和磺胺类药物有效

引起禽类产蛋下降疾病的鉴别诊断

项目 病名	病原	流行特点	主要临诊症状	主要特征病变	防制
非典型新城疫	新城疫病毒	各种年龄均易感发病，发病急传播快，发病率死亡率较低	下痢，粪便稀薄，轻度呼吸道症状，产蛋明显下降，幅度为10%~30%，软壳蛋增多，蛋壳退色，数月后方可恢复正常	无	抗体监测，制定合理免疫程序
传染性支气管炎	冠状病毒	仅见于鸡，不分年龄，但5周龄内雏鸡感染后发病最严重，成鸡产蛋异常	鸡群表现轻度呼吸道症状，主要表现产蛋量明显下降，持续4~8周，产畸形蛋、软壳蛋、粗壳蛋，蛋清变稀呈水样，蛋黄和蛋清分开，产蛋幼龄时感染传支可形成永久性的输卵管损伤，外观健康但不产蛋	很少死亡，输卵管发育不全	无特效药物治疗

(续表)

项目病名	病原	流行特点	主要临诊症状	主要特征病变	防制
产蛋下降综合征	禽腺病毒	只有鸡发病，主要感染开产前后母鸡，消化道或垂直传播	突出症状是产蛋突然下降，一周左右可下降20%~50%，蛋色变浅，蛋壳粗糙，产畸形蛋、软壳蛋、薄壳蛋等可达15%~20%。病程1~3米，无死亡发生	因无死亡，故无明显病变，剖杀可见生殖道轻微炎症及萎缩性变化	无法治疗，灭活苗预防
传染性鼻炎	副鸡嗜血杆菌	4周龄以上鸡最易感，发病急，传播快，感染率高，死亡率低	减食，头部肿胀，呼吸困难，咳嗽，喷嚏、张口呼吸、啰音，摇头、流泪、眼睑水肿、眼及窦内有干酪样物质，开产蛋鸡则产蛋明显下降	主要在窦腔有干酪样渗出物，气囊炎、肺炎和卵泡变性坏死或萎缩	多种抗生素和磺胺类有效
禽流感	A型流感病毒	不同品种和日龄的禽类均可感染，发病急、传播快，高致病性禽流感致死率可达100%	发病突然，羽毛蓬松，食欲废绝，产蛋停止，精神极度沉郁，呆立闭目，对刺激无反应，冠髯发绀，流泪，头颈部水肿，呼吸高度困难，不断吞咽，口流黏液，叫声沙哑，拉黄白、黄绿或绿色稀粪，后期两腿瘫痪，病程1~3天致死率可达100%，低致病性禽流感临诊症状较复杂，表现为不同程序的呼吸道、消化道症状，以产蛋量下降为主，很难恢复，很少死亡	皮下、浆黏膜及各组织器官广泛出血，输卵管有黏液或干酪样物或成熟卵子，肠道特别是小肠壁有大量黄豆至蚕豆大出血斑或坏死灶（枣核样坏死）盲肠扁桃体和胰脏肿胀出血坏死，头颈部水肿，胸肿大尿酸盐沉积，法氏囊肿大有黏液，低致病性禽流感呼吸道及生殖道有较多黏液或干酪样物，输卵管和子宫柔软易碎，有数量不等的成熟卵子	综合性防制措施
传染性喉气管炎	疱疹病毒	成年鸡易感，传播快，感染率高，一般病死率较低	呼吸困难、张口、伸颈、咳、喘、喷嚏、流泪、结膜炎，鼻腔中有分泌物、啰音、咳出带血黏液，鸡冠发紫，拉稀粪，窒息而死，产蛋下降或停止，恢复较慢	喉头和气管的肿胀出血，有黏条状分泌物堵塞，有时可见干酪样渗出物或凝血块，产蛋鸡可见卵黄性腹膜炎	弱毒苗效果不佳，对症治疗

第五章 养猪实用技术

第一节 猪的品种与杂种优势利用

一、猪的品种

猪种是养猪生产的基础。优良品种的猪一般都具有生长快,饲料报酬高,饲养成本低,经济效益大等优势。为了办好养猪生产,获得较高的经济效益,必须根据各地的自然、经济、畜舍等条件、市场需求和不同品种猪的饲养管理要求,进行合理选择和利用。

(一) 引进品种

1. 长白猪

长白猪原名为兰德瑞斯,原产于丹麦。目前,是中国引入最多的国外猪种。其全身被毛白色,头小清秀,颜面平直。耳向前倾略下耷。大腿和整个后躯肌肉丰满,蹄质坚实,中躯长,有16对肋骨,体躯呈流线型。乳头6~7对。见图5-1。

图5-1 长白猪

长白猪生长速度快,6月龄体重可达90千克以上。屠宰率

69%~75%，胴体瘦肉率65%。长白猪性成熟较晚，6月龄开始出现性行为，9~10月龄体重达120千克左右开始配种。初产母猪产仔数10~11头，经产母猪产仔数11~12头。各地用长白猪作父本与本地母猪开展二元或三元杂交，均有较好的杂交效果，也可用作母本生产瘦肉型猪。

2. 大白猪

大白猪又称为大约克夏猪，原产于英国，是世界上著名的瘦肉型猪种。其体格大，体形匀称，被毛全白，颜面微凹，耳大直立，背腰多微弓，腹充实而紧，臀宽长，后躯发育良好，四肢较高。乳头7对以上。见图5-2。

图5-2 大白猪

大白猪增重快，6月龄体重可达100千克左右。屠宰率高，胴体瘦肉率达60%~65%。大白猪的繁殖性能较高，经产母猪产仔10~12头，产活仔数10头左右。母猪泌乳性能较好，哺育率较高。大白猪是目前世界养猪业应用最普遍的猪种，作为父系和母系，应用于杂交生产和配套生产体系都有良好的表现，在欧洲誉为"全能品种"。

3. 杜洛克

杜洛克猪原产于美国，是当代世界著名瘦肉型猪品种。其体型大，被毛红色，从金黄色到暗棕色深浅不一，樱桃红色最受欢迎。耳中等大小，向前倾，颜面微凹，体躯深广，肌肉丰满，四肢强健。见图5-3。

图5-3 杜洛克猪

杜洛克猪生长速度快，6月龄体重可达90千克。但杜洛克猪产仔数不高，平均产仔数9~10头。母性好，断奶存活率较高。在杂交利用中一般作为父本，与我国地方猪种进行两品种杂交，一代杂种猪日增重可达500~600克，胴体瘦肉率50%左右。在三元杂交中多作终端父本，具有较好的杂种优势。

4. 汉普夏

汉普夏猪原产于美国，是美国第二位普及的瘦肉型猪种。其全身被毛主要为黑色，肩部到前肢有一条白带环绕，故又称银带猪。头中等大小，耳中等大小直立，嘴较长而直，体躯较长，背腰呈弓形，后躯肌肉发达，性情活泼。乳头数6对以上。见图5-4。

图5-4 汉普夏猪

在良好的饲养条件下，汉普夏猪6月龄体重可达90千克，日增重可达600~700克，胴体瘦肉率60%以上。母猪产仔数一般在9~10头，仔猪健壮均匀，母性好，体质强健。由于其胴体瘦肉率高，中国以其为父本，地方猪或培育品种为母本，开展二元或三元杂交，可获得较好的杂交效果。国外一般以汉普夏猪作为终端父本，以提高商品猪的胴体品质。

5. 皮特兰

皮特兰猪原产于比利时。其体型中等，体躯呈方形。被毛灰白，夹有形状各异的大块黑色斑点，有的还夹有部分红毛。头较轻盈，耳中等大小，微向前倾，体躯呈圆柱形，腹部平行于背部，肩部和臀部肌肉特别发达，有"健美运动员"的美称。见图5-5。

图5-5 皮特兰猪

皮特兰猪在良好的饲养条件下，6月龄体重可达90~100千克，日增重可达750克，但90千克后生长速度显著减缓。屠宰率76%，胴体瘦肉率高达70%。但其肉质欠佳，易发生应急综合征。皮特兰猪产仔数不多，平均产数10头左右。但母猪母性好，仔猪育成率高。皮特兰猪在杂交体系中多用作终端父本，与应激抵抗型品种母本杂交生产商品猪。

(二) 中国优良的地方品种

1. 太湖猪

太湖猪原产于长江下游太湖流域的沿江沿海地带。按照体型外貌和性能上的差异，太湖猪可以划分成几个地方类群：二花脸猪、枫泾猪、梅山猪、嘉兴黑猪等。太湖猪的体型中等，头大额宽，额部皱褶多、深，耳特大、软而下垂，形似大蒲扇。全身被毛黑色或青灰色，毛稀疏或丛密，腹部皮肤多呈紫红色，也有鼻吻白色或尾尖白色的。乳头多为8~9对。见图5-6。

图5-6 太湖猪

太湖猪是全世界猪品种中繁殖力最高、产仔数最多的品种，享有"国宝"之誉。初产平均12头，经产母猪平均16头以上，三胎以上，每胎可产20头，优秀母猪窝产仔数达26头，最高纪录产过42头。同时母猪护仔性强，泌乳力高，起卧谨慎，能减少仔猪被压，仔猪哺育率及育成率较高。太湖猪早熟易肥，胴体瘦肉率38.8%~45%，但肉质鲜美独特。由于太湖猪具有高繁殖力，世界许多国家都引入太湖猪与其本国猪种进行杂交，以提高其本国猪种的繁殖力。

2. 民猪

民猪原产于东北和华北部分地区。其头中等大，面直长，耳大下垂。体躯扁平，背腰狭窄，臀部倾斜，四肢粗壮。全身被毛黑色，毛密而长，猪鬃发达，冬季密生绒毛。乳头7~8对。见图5-7。

民猪性成熟早，发情明显，配种受胎率高。产仔数平均为13.5头。10月龄体重可达136千克，屠宰率为72%左右，胴体瘦肉率46%左右。东北民猪具有繁殖力高、护仔性强、抗寒、

图 5-7 民猪

耐粗饲、肉质好的特点，与其他品种杂交可获得良好效果。

3. 金华猪

金华猪产于浙江省金华地区的义乌、东阳和金华 3 个县。金华猪体型中等偏小，毛色除头颈、臀部、尾巴为黑色外，其余均为白色，故有"两头乌"之称。在黑白交界处有黑皮白毛的"晕带"。耳中等大小、下垂，额上有皱纹，颈粗短，背稍凹，腹大微下垂，臀较倾斜，四肢较短，蹄坚实，皮薄毛稀。乳头多为 7~8 对。见图 5-8。

图 5-8 金华猪

金华猪一般在 5 月龄左右配种，产仔数平均为 13~14 头，8~9 月龄肉猪体重为 65~75 千克，屠宰率 72%，10 月龄胴体瘦肉率 43%。金华猪肉质优良，具有皮薄、骨细特点，用其后腿制作的"金华火腿"质佳味香，外形美观，在国内外享有盛誉。

4. 小香猪

小香猪是中国小体型地方猪种。中心产区在贵州省三都县、广西环江县等地。由于肉质香嫩,哺乳仔猪或断奶仔猪宰食时,无奶腥味,故被誉之为香猪。香猪头较直;耳小而薄,略向两侧平伸或稍向下垂;躯体矮小;背腰宽而微凹,腹大丰圆触地,后躯较丰满;四肢短细,后肢多卧系;皮薄肉细;毛色多全黑,但亦有"六白"或不完全"六白"特征;乳头数 5~6 对。见图 5-9。

图 5-9 小香猪

香猪性成熟早,一般 3~4 月龄性成熟。产仔数少,平均 5~6 头。成年母猪一般体重 40 千克左右,成年公猪一般 45 千克左右。香猪早熟易肥,宜早期屠宰,适宜屠宰体重为 30~40 千克。

(三)中国新培育的品种

1. 三江白猪

三江白猪产于东北三江平原,是用长白猪和民猪培育而成。其全身被毛白色,头轻嘴直,两耳下垂或稍前倾,背腰平直,腿臀丰满,四肢健壮,蹄质坚实,乳头 7 对,排列整齐。成年公猪体重 250~300 千克,母猪体重 200~250 千克。见图 5-10。

三江白猪初情期在 4 月龄左右,初产母猪平均产仔 10.2 头,经产母猪平均产仔 12.4 头。6 月龄体重可达 84.6 千克,胴体瘦肉率58%，且肉质良好。

图5-10 三江白猪

2. 湖北白猪

湖北白猪产于湖北武汉市及华中地区，是由大白猪、长白猪、通城猪、荣昌猪杂交培育而成。其全身被毛全白，头稍轻、直长，两耳前倾或稍下垂；背腰平直，中躯较长，腹小，腿臀丰满，肢蹄结实，有效乳头12个以上。见图5-11。

图5-11 湖北白猪

湖北白猪成年公猪体重250～300千克，母猪体重200～250千克。90千克屠宰率可达72%，胴体瘦肉率60%左右。繁殖性能优良，初产母猪产仔数为平均10头，3胎以上经产母猪产仔数12头以上。

3. 苏太猪

苏太猪主产于苏州市，是由杜洛克和太湖猪杂交培育而成。

其全身背毛黑色，耳中等大小、向前下垂，头面有清晰的皱纹，嘴中等长，后躯丰满，四肢结实，乳头7~8对，具有明显的瘦肉型猪的特征。见图5-12。

图5-12 苏太猪

苏太猪初产母猪平均产仔11.68头，经产母猪平均产仔14.45头。90千克体重日龄为178天，屠宰率73%，胴体瘦肉率56%，且肉质鲜美，肉味香醇。

二、杂交利用

杂交是指不同品种、品系或品群间的相互交配。杂交所产生的后代称为杂种。杂种个体通常会表现出生活力和生殖力较强，生产性能较高，性状表型值超过杂交亲本性状的表型值，这种现象称为杂种优势。杂交的目的就是为了加速品种的改良和利用杂种优势，在短时间内生产出高性能的商品猪。为了得到既高产又稳定的杂种优势效益，杂交亲本必须选择适应性强，繁殖力高，母性好，泌乳力高，耐粗饲等优良特性的地方猪种作母本；选择生长快，饲料报酬高，胴体瘦肉率高的品种作父本。在养猪生产中常用的经济杂交模式有以下几种。

（一）二元杂交

二元杂交是利用两个品种或品系进行一次杂交，其杂种一代全部作为商品肉猪。这种方法简单易行，一般要求父本和母本来自不同的具有遗传互补性的两个群体。这种方式的缺点是仅利用了生长肥育性能的杂种优势，而杂种一代被直接育肥，没有利用繁殖性能的杂种优势。见图 5-13。

A 品种（♂）×B 品种（♀）
↓
AB（商品肥育猪）

图 5-13 二元杂交

（二）三元杂交

三元杂交又称为三品种杂交，是由 3 个品种或品系参加的杂交，生产上多采用两品种杂交的杂种一代母猪为母本，再与第三品种的公猪交配，后代全部作为商品肉猪。这种方式能获得最大的个体杂种优势和母体的杂种优势。其缺点是必须同时维持 A、B、C 3 个品种，才能完成整个杂交过程，同时不能得到父本的杂种优势。见图 5-14。

A 品种（♂）×B 品种（♀）
↓
AB（♂）×C 品种（♀）
↓
ABC（商品肥育猪）

图 5-14 三元杂交

为了满足消费者得需求，现在市场上肉猪品种大多是三元杂交猪。其又可分为内三元和外三元两个类型：

内三元就是三元杂交猪其中有一元是本地良种猪的血统，其他二元均为外来品种猪的血统。如土×洋×洋，即兰田花猪×（大约克或长白）×杜洛克。

外三元杂交猪具有 3 个不同的外来品种猪的血统。如洋×洋×洋，即大约克×长白×杜洛克或大约克×长白×皮特兰。

第二节 猪场设计

猪场的建筑和设备是猪场生产的硬件。合理的场址选择，科学的建筑设计是创造适宜猪生活、生产理想环境的先决条件，也方便进行生产管理。

一、猪场场址的选择

1. 用地要求

猪场用地应符合土地利用发展规划和村镇建设发展规划，满足建设工程需要的水文条件和工程地质条件。猪场建设不能占用或少占耕地。

2. 场地面积

猪场占地面积依据猪场生产的任务、性质、规模和场地的总体情况而定。生产区面积一般可按每头繁殖母猪 40～50 平方米或每头上市商品猪 3～4 平方米计划。猪场生活区，管理区，隔离区另行考虑，并须留有发展余地。

3. 地形地势

地形要求开阔整齐。地形狭长或边角多都不便于场地规划和建筑物布局。地势要求高燥、平坦、背风向阳、有缓坡。地势低洼的场地易积水潮湿；有缓坡的场地易排水，但坡度不宜大于 25°，以免造成场内运输不便。在坡地建场选择背风阳坡，以利于防寒和保证场区较好的小气候环境。

4. 水源水质和电源

规划猪场前先勘探水源，一要充足，二要保证水质符合饮用水标准，便于取用和进行卫生防护，并易于净化和消毒。各类型猪每头每天的总需水量和饮用量，见表 5-1。

表 5-1　猪群每天需水量标准　　　　（单位：千克）

猪群类别	总需水量	饮用量
种公猪	25~40	10
空怀及妊娠母猪	25~40	12
带仔哺乳母猪	60~75	20
断奶仔猪	5	2
后备猪	15	6
育肥猪	15~25	6

另外，场址应距电源较近，节省输电开支。同时供电稳定，少停电。当电网供电不能稳定供给时，猪场应自备小型发电机组，以应付临时停电。

5. 土壤特性

猪场对土壤的要求是透气性好，易渗水，热容量大，这样可抑制微生物、寄生虫和蚊蝇的滋生，也可使场区昼夜温差较小。土壤虽有净化作用，但是许多微生物可存活多年，应避免在旧猪场场址或其他畜牧场上建造猪场。

6. 周围环境

养猪场饲料产品、粪污废弃物等运输量很大，交通方便才能降低生产成本和防止污染周围环境。但是交通干线往往会造成疫病传播，因此猪场场址既要交通方便又要与交通干线保持适当距离。距铁道和国道不少于 2 000~3 000 米，距省道不少于 2 000 米，县乡和村道不少于 500~1 000 米。与居民点距离不少于 1 000 米，与其他畜禽场的距离不少于 3 000~5 000 米。周围要有便于污水进行处理以后（达到排放标准）排放的水系。

二、场区规划

在规划猪场时要根据当地的自然条件、社会条件和自身的经济实力，规范、科学、经济的设计。猪场场地主要包括生活区、生产辅助区、生产区、隔离区、场内道路和排水、场区绿化。为了便于防疫和安全生产,应根据当地风向和猪场地势,有序安排。

1. 生活区

生活区包括文化娱乐室、职工宿舍、食堂等。此区应设在猪场大门外面。生活区设在上风向或偏风向和地势较高的地方,同时其位置应便于与外界联系。

2. 生产辅助区

生产辅助区包括行政和技术办公室、接待室、饲料加工调配车间、饲料储存库、办公室、水电供应设施、车库、杂品库、消毒池、更衣清毒和洗澡间等。该区与日常饲养工作关系密切,距生产区距离不宜远。

3. 生产区

生产区包括各类猪舍和生产设施,是猪场的最主要区域,严禁外来车辆和人员进入。生产区内应将种猪、仔猪置于上风向和地势高处,分娩舍既靠近妊娠舍,又靠近仔猪培育舍,育肥舍设在下风向场门或围墙近处。围墙外设装猪台,售猪时经装猪台装车,避免装猪车辆进场。

4. 隔离区

隔离区包括兽医室和隔离猪舍、尸体剖检和处理设施、粪污处理及贮存设施等。该区应尽量远离生产猪舍,设在整个猪场的下风或偏风方向、地势低处,以避免疫病传播和环境污染,该区是卫生防疫和环境保护的重点。

5. 场内道路和排水

猪场内道路应分出净道和污道,互不交叉。净道是人员和运送饲料的道路;污道靠猪场边墙,是处理粪污和病死猪等的通道。场内污水应由专门的排污及污水处理系统,以保证污水得到有效的处理,确保猪场的可持续生产。

6. 场区绿化

绿化不仅可以美化环境、净化空气,也可以防暑、防寒,改善猪场的小气候，同时还可以减弱噪声，促进安全生产，从而提高经济效益。因此在进行猪场总体布局时，一定要考虑和安排好绿化。

三、猪场的设计与建设

（一）猪舍的形式

猪舍建筑形式较多，可分为3类：开放式猪舍、大棚式猪舍和封闭式猪舍。

开放式猪舍：建筑简单，造价低，通风采光好，舍内有害气体易排出。但猪舍内的气温随着自然界变化而变化，不能人为控制，尤其冬季防寒能力差。在生产中冬季加设塑料薄膜，效果较好。

大棚式猪舍：即用塑料扣成大棚式的猪舍。利用太阳辐射增高猪舍内温度。北方冬季养猪多采用这种形式。这是一种投资少、效果好的猪舍。根据建筑上塑料布层数，猪舍可分为单层塑料棚舍、双层塑料棚舍。根据猪舍排列，可分为单列塑料棚舍和双列塑料棚舍。另外还有半地下朔料棚舍和种养结合塑料棚舍。

封闭式猪舍：与外界环境隔绝程度高，舍内通风、采光、保温等主要靠人工设备调控，能给猪提供适宜的环境条件，有利于猪的生长发育，提高生产性能和劳动效率。但其建筑、设备投资维修费用高。

（二）猪舍的基本结构

一个猪舍的基本结构包括基础、地面、墙壁、屋顶与天棚、门窗等。

1. 基础

基础主要承载猪舍自身重量，屋顶积雪重量和墙、屋顶承受的风力，基础的埋置深度，根据猪舍的总荷载力、地下水位及气候条件等确定。为防止地下水通过毛细管作用浸湿墙体，在基础墙的顶部应设防潮层。

2. 地面

猪舍地面应具备坚固、耐久、保温、防潮、平整、不滑、不透水、易于清扫与消毒。地面应斜向排粪沟，坡度为2%～3%，以利于保持地面干燥。

3. 墙壁

猪舍墙壁对舍内温湿度保持起着重要作用。墙体必须具备坚固、耐久、耐水、耐酸、防火能力，便于清扫、消毒，同时应有良好的保温与隔热性能。猪舍主墙壁厚在25～30厘米，隔墙厚度15厘米。

4. 屋顶

屋顶起遮挡风雨和保温作用，应具有防水、保温、承重、不透气、耐久、结构轻便的特性。为了增加舍内的保温隔热效果，可增设天棚。

5. 门、窗

猪舍的门要求坚固、结实、易于出入。门的宽度一般为1.0～1.5米，高度2.0～2.4米。窗户主要用于采光和通风换气，同时还有围护作用。窗户的大小用有效采光面积与舍内地面面积之比来计算，一般种猪舍1：(10～12)，肥猪舍1：(12～15)。

第三节 种猪饲养管理技术

种猪是养猪生产的核心。饲养种猪的目的是让它们持续提供大量的商品猪，提高经济效益。猪的繁殖力高，表现在公猪射精量大、配种能力强；母猪常年多次发情，任何季节均可配种产仔，而且是多胎高产。因此养好种猪是养猪生产的关键。

一、后备公猪的营养需要及管理

后备公猪即青年公猪，是猪场的后备力量。从仔猪育成阶段到初次配种前，是后备猪的培育阶段。培育后备公猪的任务是获得体格健壮、发育良好、具有品种典型特征和种用价值高的种猪。

(一) 后备公猪的饲养

后备公猪所用饲料应根据其不同的生长发育阶段进行配合。要求原料品种多样化,保证营养全面。提供生长发育所需要的能量、蛋白质(注意氨基酸平衡);增加钙、磷用量;补充足量的与生殖活动有关的维生素 A、维生素 E、生物素、叶酸、胆碱等。

90 千克前自由采食,90 千克后限制饲养;直接用干粉料或颗粒料投喂,分早晚两次投放;每天 2.0~2.5 千克,具体喂量视膘情决定。后备公猪应保持适当的膘情,过肥则性欲低下,致使母猪受胎率不高;过瘦延缓性成熟,降低种公猪的精液量和精子数,降低性欲,影响繁殖力。

(二) 后备公猪的管理

1. 分群

为使后备公猪生长发育均匀整齐,应按性别、体重进行分群饲养。即公母分开,大小分开。一般每栏 4~6 头,饲养密度合理,每头猪占地 1.5~2.0 平方米。

2. 运动

运动对后备猪是非常重要的,既可锻炼身体,促进骨骼、肌肉的正常发育,防止过肥或肢蹄不良,又可增强体质和性活动能力。后备公猪猪舍应有运动场,其面积宜为猪床面积的 5~6 倍。猪舍运动场最好设在阳光能照射的地方。每天运动时间不少于 2 小时,上午、下午各一次,夏秋季节可采取放牧饲养,冬春季节可进行驱赶运动或室外逍遥运动。

3. 定期称重

按月龄对后备公猪进行称重,可比较个体间生长发育的差异,有利选育;并可据此适时调整饲养水平和饲喂量,使后备猪达到应有的体质和体况。

(三) 后备公猪的使用

1. 后备公猪使用的时间

后备公猪一般在 8 月龄以上，体重 120 千克以上开始使用，最低使用年龄不得低于 7.5 月龄。使用过早，公猪刚性成熟，交配能力不好，精液质量差，母猪受胎率低，且对自身性器官发育产生不良影响，缩短使用寿命。使用过迟，公猪延长非生产时间，增加成本，另外会造成公猪性情不安，影响正常发育，甚至造成恶癖。

2. 后备公猪的调教方法

（1）爬跨假母猪台法　调教用的母猪台高度要适中，以 45～50 厘米为宜，可因猪不同而调节，最好使用活动式母猪台。调教前，先将其他公猪的精液、胶体或发情母猪的尿液涂在母猪台上面，然后将后备公猪赶到调教栏，公猪一般闻到气味后，大都愿意啃、拱母猪台。此时，若调教人员再发出向类似发情母猪叫声的声音，更能刺激公猪性欲的提高，一旦有较高的性欲，公猪慢慢就会爬母猪台了。如果有爬跨的欲望，但没有爬跨，最好第二天再调教。一般 1～2 周可调教成功。

（2）爬跨发情母猪法　调教前，将一头发情旺期的母猪用麻袋或其他不透明物盖起来，不露肢蹄，只露母猪阴户，赶至母猪台旁边，然后将公猪赶来，让其嗅、拱母猪，刺激其性欲的提高。当公猪性欲高涨时，迅速赶走母猪，而将涂有其他公猪精液或母猪尿液的母猪台移过来，让公猪爬跨。一旦爬跨成功，第 2～3 天就可以用母猪台进行强化了，这种方法比较麻烦，但效果较好。

3. 后备公猪调教注意事项

（1）准备留作采精用的公猪，从 7～8 月龄开始调教，不仅易于采精，而且可以缩短调教时间并延长使用时间。

（2）进行后备公猪调教的人员，要固定，要细心、耐心，不能急于求成，不能粗暴对待公猪。在调教过程中要保护公猪生殖器官免遭损伤；防止公猪冲撞，踩伤调教人员。

（3）调教时，应先调教性欲旺盛的公猪。公猪性欲的好坏，一般可通过咀嚼唾液的多少来衡量，唾液越多，性欲越旺盛。对于那些对假母猪台或母猪不感兴趣的公猪，可以让它们在旁边观望或在其他公猪配种时观望，以刺激其性欲的提高。

（4）每次调教的时间一般不超过 15~20 分钟，每天可训练一次，一周最好不要少于 3 次，直至爬跨成功。调教成功后，一周内每隔 1 天就要采精一次，以加强其记忆。以后，每周可采精一次，至 12 月龄后每周采两次，一般不要超过三次。

二、后备母猪的营养需要及管理

（一）后备母猪的选留

后备母猪应从繁殖性能好的母猪的 2~4 胎中仔猪选择，并以春季仔猪为主。按照后备猪生长发育特点，采用 2 月龄、4 月龄、6 月龄选留，最后在配种前 1 个月进行一次挑选。结合母本的繁殖性能（产仔数量、断奶猪数量、断奶体重等）选择生长发育良好、体形匀称、背部平行、腹部发育良好（开阔不下垂），乳头数 6 对以上、排列整齐、发育均匀良好，四肢粗壮结实，外阴户发育良好（丰满，不过度上翘）的仔猪。

（二）后备母猪的营养需要

后备母猪处于身体迅速发育的时期，一定要有充足的营养物质供应，以保证体格的正常发育，特别是骨骼和生殖器官的发育。在营养物质的供应上，要根据不同类型、不同生长发育阶段配合饲粮外，特别要注意蛋白质中各种必需氨基酸的平衡，并要适当增加钙、磷和与生殖活动关系密切的维生素 A、维生素 E 的供给量。后备母猪在生长发育阶段，若摄入足够的营养，生长发育正常，初情期也较早。若生长发育受阻或患有慢性消耗性疾病，则会推迟初情期。但 6 月龄以后的后备母猪，由于脂肪沉积的速度逐渐加快，这时要注意控制后备母猪每日能量的摄入量，以免长得过肥，发生繁殖障碍。

（三）后备母猪的饲养管理

后备母猪饲养时要尽可能减少每圈饲养头数，以防抢食。每天坚持触摸母猪，使母猪性情变得温顺，易于接近。有条件时，让母猪在圈外活动并提供青绿饲料。运动既可以锻炼身体，促进骨骼和肌肉的发育，防止过肥和肢蹄病，又具有促进发情排卵的作用。在6月龄100千克左右，最好饲养在与成年公猪相近的猪栏内，让母猪经常接受公猪的声音、气味和形态的刺激；也可每天把性欲良好、体格不太大的开配公猪赶进母猪栏内，让公猪驱赶追逐母猪10分钟左右，这些措施，也可以促进后备母猪的早发情。

三、种公猪的营养需要及管理

（一）种公猪的营养需要

为了保证公猪具有健壮结实的体质和旺盛的性欲，且精液品质优良，合理的营养水平是关键。种公猪一次射精量平均为250毫升，高者可达500毫升以上，总精子数250亿个。另外，公猪是多次射精的家畜，每次交配的时间平均为10分钟左右，有些长达15分钟以上，这就需要消耗较多的体力。为了保持公猪的不肥不瘦种用体况和产生量多质优的精液，就要全面满足公猪对能量、蛋白质、矿物质和维生素的需求。

种公猪能量需要是维持需要、配种活动、精液生成及生长需要的总和。为了保持种公猪良好的体况和繁殖性能，其饲粮能量水平应适宜，不能长期饲喂高能量饲粮。否则，公猪体内沉积脂肪过多而肥胖，性欲减弱，精液品质下降；相反，如果能量水平过低，可使公猪体内脂肪、蛋白质耗损，形成氮、碳代谢的负平衡，公猪变得过瘦，则射精量少，精液品质差，同样影响配种受胎率。

猪精液干物质的60%以上为蛋白质。因此，蛋白质对增加精液量、提高精液品质和延长精子存活时间，有着直接的影响。形成精液的必需氨基酸有赖氨酸、色氨酸、蛋氨酸等，尤其是赖氨酸更为重要。因此,喂给公猪的饲粮,不但要注意蛋白质的数量,更应注意蛋白质的质量。如配种旺季公猪的饲粮中,加喂鱼粉、血粉、鸡蛋等动物性蛋白质,能有效改善公猪精液品质。

矿物质对公猪精液品质同样具有很大影响。钙、磷不足,会影响公猪正常代谢,使性腺发生病变,精子活力降低,出现死精、发育不全或活力不强的精子。微量元素锌在公猪饲粮中应有足够的含量,以保证睾丸的正常发育。铁、铜、硒等也间接或直接地影响精液品质,饲粮中不可缺少。

维生素对公猪精液品质也有很大影响,特别是维生素 A、维生素 D、维生素 E 等。当日粮中维生素 A 缺乏时,公猪睾丸易肿胀、萎缩、性功能衰退,精液品质下降,长期缺乏会丧失繁殖能力。维生素 E 缺乏,则睾丸上皮变性,导致精子形成异常。当经常保证新鲜青绿多汁饲料供应时,一般不会引起维生素缺乏。

(二) 种公猪的饲养技术

(1) 日粮供应　日粮除遵循饲养标准外,还需根据品种类型、体重大小、配种强度等合理调整。常年配种的猪场,采取一贯加强营养的饲养方式,给予均衡饲粮。季节配种的猪场,在配种前1个月提高营养水平,比非配种期的营养增加20%~25%,在配种前2~3周进入配种期饲养。配种停止后,逐渐过渡到非配种期的饲养标准;冬季寒冷时要比饲养标准提高10%~20%。

(2) 饲喂技术　采用限量饲喂方式,定时定量,日喂2~3次,每次都不要喂得太饱,每天喂料量2.0~3.0千克。

(三) 种公猪的管理

1. 建立稳定的管理制度

种公猪的饲喂、采精和配种、运动、刷拭等各项活动都在固定的时间进行,建立条件反射,形成规律性生活。

2. 单圈或小群饲养

成年公猪最好单圈饲养,每头占地4平方米,小群饲养公猪要从断奶开始。每栏 2~3 头，合群饲养的公猪，配种后不能立即回群，待休息 1~2 小时，气味消失后再归群。对小群饲养已参加配种的公猪，亦可采用单圈饲养，合群运动。

3. 合理的运动

运动可提高神经系统的兴奋性，增强体质，提高配种能力和抗病力。对提高肢蹄结实度有好处。每天上午、下午各一次，每次 1~2 小时。配种期适当运动，非配种期加强运动。夏天应在早晨或傍晚进行，冬天在中午进行。

4. 刷拭和修蹄

每天定时刷拭猪体 1~2 次，时间为 5~10 分钟，能保持皮肤清洁卫生，促进血液循环并以此调教公猪，使公猪与人亲和、温顺，听从管教。注意保护肢蹄，对不良的蹄形进行修蹄，保持正常蹄形，便于正常活动和配种。

5. 定期称重和检查精液品质

成年公猪应维持体重不变。定期称重，可以了解公猪体重的变化，以便调整日粮营养水平或饲喂量。公猪应定期进行精液品质的检查，人工授精每次采精后都要检查；本交每月应检查 1~2 次。

6. 防寒防暑

公猪的最适温度范围为 18~20℃。30℃以上就会对公猪产生热应激，降低精液品质，并在 4~6 周后降低繁殖配种性能，主要表现为返情率高和产仔数少。因此，在夏天对公猪有效的防暑降温，将圈舍温度控制在 30℃以内是十分重要的。

在公猪管理中，光照最容易被忽视，光照时间太长和太短都会降低公猪的繁殖配种性能，适宜的光照时间为每天 10 小时左右，通常将公猪饲喂于采光良好的圈舍即可满足其对光照的需要。

(四)种公猪的合理使用

1. 配种强度

一般1~2岁的青年公猪每周配2~3次或隔日一次；2岁以上的成年公猪每天配1~2次，如果每天配种2次，可早、晚各配1次，时间间隔8~10小时，连续配种4~6天，应休息一天为好。配种前后1小时内不要喂饲料，不要饮冷水，以免危害猪体健康。

2. 公、母比例

本交情况下公母猪比例为1：(25~30)，人工授精情况下公母猪比例为1：(200~300)，实际应用时为1：100左右。

3. 种公猪的淘汰

种公猪出现下列情况之一者即应淘汰：患无法治愈的生殖器官疾病；精液品质不良，如精子活力0.5以下，浓度低于0.8亿/毫升；配种受胎率50%以下；肢蹄疾患，不能正常爬跨；连续使用3年以上，性欲明显下降的老龄公猪。种公猪的使用年限一般为3~4年，最多不超过5岁。

(五)种公猪饲养管理中的一些问题

1. 防止种公猪自淫现象

有些种公猪性成熟较早，性欲旺盛，易于形成自淫的恶癖。杜绝这种恶癖的方法：单圈饲养、公母猪舍尽量远离、配种点与猪舍隔开等，以免由于不正常的刺激造成种公猪自淫；同时，加强种公猪的运动，建立合理的饲养管理制度等，也是防止种公猪自淫的方法。

2. 防止过度使用种公猪

在配种旺季，由于种公猪少，而需要配种的发情母猪较多，结果是为了谋求眼前的经济利益而放任公猪的使用，造成种公猪的过度使用，影响了今后种公猪的使用价值。

3. 注意闲置时期的管理

在没有配种任务的空闲时期，不能放松对种公猪的饲养管理，应按饲养标准规定的营养进行饲养，切不可随便饲喂，使公猪过肥或过瘦，降低性欲或不能配种影响了其使用价值。

四、空怀母猪的营养需要和管理

母猪从仔猪断奶到再次发情配种这段时间，称为空怀期，此阶段的母猪通常称为空怀母猪。空怀母猪饲养的任务主要是尽快恢复正常的种用体况，能够正常发情、排卵、配种，尽量缩短空怀期，提高母猪配种受胎率。

(一) 空怀母猪的饲养

1. 空怀母猪的营养需要

空怀母猪日粮应根据饲养标准和母猪的具体情况进行配合，日粮应该全价，主要满足能量、蛋白质、矿物质、微量元素和维生素的供给。能量水平要适宜，不可过高或过低，以免引起母猪过肥或过瘦，影响发情配种。粗蛋白水平在12%~13%，配种期间适当添加，并注意必须氨基酸的添加。矿物质和微量元素对母猪的繁殖同样有一定的影响，供给不足会造成繁殖机能的下降。如钙磷缺乏出现不孕、产弱小仔猪、产仔数减少；硒缺乏排卵数减少；铜缺乏患不孕症等。维生素对母猪的繁殖机能有重要的作用，如维生素A不足降低性机能，引起不孕，哺乳母猪发情延迟；维生素E不足会使母猪不发情或发情但不受孕等。所以饲料中应注意添加各种维生素，特别是维生素A、维生素D、维生素E。

2. 饲喂方法

断奶前3天减料，断奶后再减料3天，达到干奶，再加料，经4~7天即可发情。这种给料方法，具有促进发情和受胎的作用。早期断奶的母猪，在断奶前几天，母猪仍能分泌较多的乳汁，为了防止患乳房炎，在断奶前后各3天减少配合饲料喂量，适当多给一些青粗饲料，以促进母猪尽快干乳。母猪断奶3天后，宜多给营养丰富的饲料和保证充分休息，可使母猪迅速恢复体况。此时饲粮营养水平和饲喂量要与妊娠后期相同，如果能喂些动物性饲料和优质青干草更好，可促进发情母猪发情排卵，为提高受胎率和产仔数奠定物质基础。

以上给料方法是普通情况，要根据母猪膘情和乳汁的多少灵活调整。

3. 短期优饲

配种前为促进发情排卵，要求适时提高饲料喂量，对提高配种受胎率和产仔数大有好处。尤其是对头胎母猪更为重要。对产仔多、泌乳量高或哺乳后体况差的经产母猪，配种前采用"短期优饲"办法，即在维持需要的基础上提高50%~100%，喂量达3~3.5千克/天，可促进排卵；对后备母猪，在准备配种前10~15天加料，可促使发情，多排卵，喂量可达2.5~3.0千克/天，但具体应根据猪的体况增减，配种后应逐步减少喂量。

（二）空怀母猪的管理

1. 单栏或小群饲养

小群饲养一般将4~6头同时断奶或相近的母猪饲养在一个圈内，每头母猪所需面积至少1.6~1.8平方米。实践证明，群养空怀母猪可促进发情。空怀母猪以群养单饲为好。单栏限位饲养是近来工厂化养猪的一种方式，将空怀母猪固定在栏内禁闭饲养，活动范围很小，母猪尾段饲养公猪，以刺激母猪发情。

2. 创造适宜的环境

每天上午、下午各清扫一次圈舍，使圈舍保持干燥、清洁、空气新鲜。寒冷的冬季和炎热的夏季对猪的健康都有不利影响，甚至影响发情配种，因此圈舍应保持适宜的温度范围。

3. 做好发情鉴定

饲养人员每天早晚两次观察发情状况，做好记录。正常情况下母猪断奶后1周左右即可发情。

（三）发情及适配时间判定

1. 母猪的发情症状

发情症状的表现可归纳为3个方面。

（1）行为特征　母猪发情时对周围环境十分敏感，表现东张西望，早起晚睡，食欲不振，高潮时呆立不动。

（2）外阴部变化　母猪发情时，外阴部充血肿胀，并有黏液流出，阴道黏膜颜色由浅红变深红再变浅红，外阴部由硬变软再变硬。

（3）接受公猪爬跨　母猪发情到一定程度开始接受公猪爬跨，用手按压母猪背腰部，发情母猪如呆立不动就是接受公猪爬跨的开始。此时发情母猪经常两后腿叉开，呆立不动，频频排尿等。

2. 母猪发情持续期

母猪发情持续期为 2~5 天，平均 2.5 天。春季和夏季发情持续期稍短，秋季和冬季稍长。老龄母猪发情较短，青年母猪稍长。

3. 母猪的排卵规律

母猪的排卵时间一般在发情开始后的 24~26 小时（有的长达 70 小时）。在接受公猪爬跨的 24~36 小时为排卵的高峰阶段，此阶段排卵数占排卵总数的 57%~65%。

4. 母猪适时配种

生产实践中可从下面 4 个方面来决定配种时机：一看阴户，充血红肿—紫色暗淡—皱缩；二看黏液，浓浊，粘有垫草时配种；三看表情，即出现"呆立反应"时配种受胎率最高；四看年龄，"老配早，小配晚，不老不小配中间"。

不同的配种方法：在自然交配的情况下，建议以每情期配种 3 次；在高管理水平下，建议以每情期配种 2 次；在人工授精条件下，建议以每情期配种 2 次。在每情期配种 2 次时，两次配种之间的时间间隔建议为 16~20 小时。

配种时注意事项：在公猪熟悉的环境下进行，地面不要太滑，公母猪体格相当；配种前公母猪要清洁消毒，防止配种时细菌进入生殖道，产生炎症；确定母猪发情而又不接受爬跨时，应更换一头公猪或采用人工授精；母猪配完后要按压其背部，令其轻轻走动，不让精液倒流；配种完的公母猪不能冷水淋浴，也不能躺卧在潮湿的地面上。

5. 母猪的更新与淘汰

有下列情况的都应淘汰：后备母猪长期不发情，经药物处理后无效者；后备母猪虽有发情，但正常公猪连配两期未能受孕者；能正常发情、配种，但产仔数低于7头；出现肢蹄疾病，久治未愈，严重影响生产者；母性特差，哺乳能力弱，易压死仔猪，或具有咬、吃仔猪之恶癖者；遗传性、习惯性流产的母猪。母猪一般可利用7~8胎，年更新比例为25%；规模化猪场限位饲养，母猪一般利用6~7胎，年更新比例为30%~35%。年龄较大、生产性能下降的种母猪也应淘汰。

五、妊娠母猪的饲养及管理

从配种受胎到分娩这段时间称妊娠期，母猪妊娠天数一般为111~117天，平均114天。妊娠母猪饲养管理的目标就是要保证胎儿在母体内正常发育，防止流产和死胎，生产出健壮、生活力强、初生体重大的仔猪，同时还要使母猪保持中上等体况。

（一）妊娠诊断

妊娠诊断是母猪繁殖管理上的一项重要内容。配种后，应尽早检出空怀母猪，及时补配，防止空怀。这对于保胎，缩短胎次间隔，提高繁殖力和经济效益具有重要意义。

1. 外部观察法

母猪配种后经21天左右，如不再发情、贪睡、食欲旺、易上膘、皮毛光、性温顺、行动稳、夹尾走、阴门缩，则表明已妊娠。相反精神不安，阴户微肿，则是没有受胎的表现，应及时补配。

2. 超声波诊断法

利用超声波感应效果测定胎儿心跳数，从而进行早期妊娠诊断。打开电源，在母猪腹底部后侧的腹壁上（最后乳头上5~8

厘米)处涂些植物油,将探触器贴在测量部位,若诊断仪发出连续响声,说明已妊娠;若发出间断响声,几次调整方位均无连续响声,说明没有妊娠。

(二) 妊娠母猪的饲养

1. 妊娠母猪的饲养

必须从保持母猪的良好体况和保证胎儿正常发育两个方面去考虑。妊娠母猪的营养供给应随妊娠的不同阶段而变化:

妊娠前期(配种后的1个月以内):这个阶段胚胎几乎不需要额外营养,饲料饲喂量相对应少,质量要求高,一般喂给1.5~2.0千克的妊娠母猪料,青粗饲料给量不可过高,不可喂发霉变质和有毒的饲料。

妊娠中期(妊娠的第31~84天):喂给1.8~2.5千克妊娠母猪料,具体喂料量以母猪体况决定,但一定要给母猪吃饱,可以大量喂食青绿多汁饲料,防止便秘。严防给料过多,导致母猪肥胖。

妊娠后期(临产前1个月):这一阶段胎儿发育迅速,同时又要为哺乳期蓄集养分,母猪营养需要高,可以供给2.5~3.0千克的哺乳母猪料。此阶段应相对地减少青绿多汁饲料或青贮料。在产前5~7天要逐渐减少饲料喂量,分娩当天,可少喂或停喂,并提供适量的温麸皮盐水汤。

2. 饲养方式选择

饲养妊娠母猪要根据母猪的膘情与生理特点,以及胚胎的生长发育区别对待,决不能按统一模式来饲养。

(1) 抓两头带中间的饲养方式 适于断奶后膘情差的经产母猪。具体做法,在配种前10天到配种后20天的一个月时间内,提高营养水平,日平均给料量在妊娠前期饲养标准的基础上增加15%~20%,这有利于体况恢复和受精卵着床;体况恢复后改为妊娠中期一般饲粮;妊娠80天后,再次提高营养水平,即日平均给料量在妊娠前期喂量的基础上增加25%~30%,这样就形成了一个高→低→高的营养水平。

（2）步步登高的饲养方式　适于初产母猪和哺乳期间配种及繁殖力特别高的母猪。因为初产母猪不仅需要维持胚胎生长发育的营养，而且还要供给本身生长发育的营养需要。具体做法，在整个妊娠期间，可根据胎儿体重的增加，逐步提高日粮营养水平，到分娩前1个月达到最高峰。

（3）前粗后精的饲养方式　适于配种前体况良好的经产母猪。妊娠初期，不增加营养，到妊娠后期，胎儿发育迅速，增加营养供给，但不能把母猪养得太肥。

3. 饲养技术

妊娠母猪的饲粮应营养全面、多样配合、全价适口，含一定量的粗饲料，使猪吃后有饱腹感，但也不能过多避免压迫胎儿。可适当增加轻泄性饲料如麸皮，防止便秘。严禁喂发霉、变质、冰冻、有毒和有害的饲料，生饲并供足饮水。

（三）妊娠母猪的管理

1. 单栏或小群饲养

单栏饲养是母猪从妊娠到产仔前，均饲养在限位栏内。小群饲养是将配种期相近、体重大小和性情强弱相近的6~8头母猪，放在同一栏内饲养。占地面积1.5~2平方米/头，有足够的饲槽（槽长与全栏母猪肩宽等长），饮水器高度为平均肩高加5厘米，一般为55~65厘米。

2. 创造良好环境

做好圈舍的清洁卫生，保持圈舍空气新鲜，保持安静。舍温控制在15~20℃，要做好防暑降温工作，尤其是妊娠前期。

3. 适当运动

妊娠的第一个月以恢复母猪体力为主，要让母猪吃好、睡好、少运动。此后，应让母猪有充分的运动，一般每天1~2小时。妊娠中后期应减少运动量或让母猪自由活动，产前1周停止运动。

4. 做好日常管理

妊娠母猪应防止滑倒、惊吓、追赶等一切可能造成机械性损伤和流产的现象发生。每天应注意观察母猪的采食、饮水、粪尿和精神状态的变化，预防疾病发生。

5. 搞好预产期推算

母猪预产期的推算方法可用"三、三、三"法，即在配种日期上加3个月3周再3天，正好是114天。

六、母猪分娩和接产

（一）分娩前准备

1. 产房

产房要在母猪分娩前5~10天打扫干净后，用3%~5%的石碳酸或2%~5%的来苏儿或3%的火碱水消毒，围墙用20%石灰乳粉刷。产房还要宽敞，清洁干燥，光线充足，冬暖夏凉，安静无噪声。同时应配备仔猪的保温装置。产房内温度以22~25℃为宜，相对湿度在65%~75%。

2. 物品的准备

准备好接生时所需的药品、器械及用品，如来苏儿、酒精、碘酊、肥皂、毛巾、剪刀、助产绳等。

3. 母猪的准备

母猪进入产房前，将其腹部、乳房及阴户附近的泥污清洗干净，再用2%~5%来苏儿溶液消毒，然后进入产房待产。同时减少喂量，提供洁净饮水。

（二）母猪临产征状

1. 乳房变化

母猪产前乳房膨胀有光泽，两侧乳头外张，从后面看，最后一对乳头呈"八字形"外张，乳头饱满，呈潮红色。

2. 乳头的变化

一般前面乳头出现乳汁则24小时内产仔；中间乳头出现乳汁，则12小时内产仔；若最后乳头有乳，则3~6小时内产仔。

但应注意营养较差的母猪，乳房、乳头的变化不十分明显，要依靠综合征兆作出判断。

3. 外阴部变化

临产前母猪外阴部红肿下垂，皱纹消失平展，尾根两侧出现塌陷，这是骨盆开张的标志；临产前，外阴部有羊水流出。

4. 精神行为变化

临产前母猪神经敏感，紧张不安，坐卧不安，呼吸急促，频繁排尿。有的母猪还出现衔草做窝或拱草趴地的现象。当母猪躺卧、四肢伸直、阵缩时间越来越短、羊水流出，第一头小猪即可产出。

（三）母猪接产

接产是母猪分娩管理的重要环节，在整个接产过程中，要求安静，禁止喧哗和大声说笑，动作迅速准确，以免刺激母猪，引起母猪不安，影响正常分娩。接产人员必须将指甲剪短、磨光、洗净消毒双手。

1. 助产

胎儿娩出后，用左手握住胎儿，右手将连于胎盘的脐带在距离仔猪腹部3~4厘米左右处把脐带用手掐断或用剪刀剪断（一般为防止仔猪流血过多，不用剪刀），在断处涂抹碘酒消毒。断脐出血多时，可用手指掐住断头，直到不出血为止。用洁净的毛巾、拭布或软草迅速擦去仔猪鼻端和口腔内的黏液，防止仔猪憋死或吸进液体呛死，然后用拭布或软草彻底擦干仔猪全身黏液。尤其在冬季，擦得越快越好，以促进血液循环和防止体热散失，并迅速将仔猪移至安全、保温的地方，如护仔箱内。留在腹部的脐带3天左右可自行脱落。

2. 假死仔猪救助

生产中常常遇到分娩出的仔猪，全身松软，不呼吸，但心脏及脐带基部仍在跳动，这样的仔猪称为假死仔猪。一般来说，心脏、脐带跳动有力的假死仔猪经过救助大多可救活。救助时用毛巾、拭布或软草迅速将仔猪鼻端、口腔内的黏液擦去,并用毛巾擦干仔猪躯体。然后让仔猪四肢朝上,一手托肩背部,一手托臀部,两手配合一屈一伸,反复进行,直到仔猪发出叫出声为止。救助过来的假死仔猪一般较弱,需进行人工辅助哺乳和特殊护理,直至仔猪恢复正常。

3. 难产处理及预防

产期已到的怀孕母猪,表现出反复起卧、阵缩、努责、羊水排出等产仔特征,但却不见胎儿排出,即可认为母猪已发生了难产。难产时,若不及时采取措施,可能造成母仔双亡,即使母猪幸免生存下来,也常易发生生殖器官疾病,导致不育。

难产时处理方法常见有以下几种:首先应用力按压母猪乳房,然后用力按压腹部,帮助仔猪产出。若反复进行20~30分钟仍无效果,应采取其他方法。对老龄体弱、娩力不足的母猪,可肌肉注射催产素,促进子宫收缩,必要时可注射强心剂,如半小时左右胎儿仍未产出,应进行人工助产。

具体操作方法:将指甲剪短、磨光,以防损伤产道;手及手臂先用肥皂水洗净,然后用2%来苏儿液或1%高锰酸钾液消毒,再用75%医用酒精消毒,最后在已消毒的手及手臂上涂抹润滑剂;母猪外阴部也用上述消毒液消毒;将手指尖合拢呈圆锥状,手心向上,在子宫收缩间歇时将手及手臂慢慢伸入产道,对胎位异常引起的难产,可将手伸入产道内矫正胎位,握住胎儿的适当部位(下颌、腿)后,随着母猪子宫收缩的频率,缓慢将胎儿拉出。助产后应给母猪注射抗生素类药物,防止感染。

对于羊水排出过早、产道干燥、产道狭窄、胎儿过大等原因引起的难产,可先向母猪产道中灌注生理盐水或洁净的润滑剂,然后按上述方法将胎儿拉出。

4. 清理胎衣及被污染的垫草

母猪产后半小时左右排出胎衣,母猪排出胎衣,表明分娩已结束,此时应立即清除。若不及时清除胎衣,被母猪吃掉,可能会引起母猪食仔的恶习。污染的垫草等也应清除，换上新垫草，同时将母猪外阴部、后躯等处血污清洗干净、擦干。胎衣也可利用，将其切碎煮汤，分数次喂给母猪，以利母猪恢复和泌乳。

5. 剪犬齿

仔猪的犬齿容易咬伤母猪乳头，应在仔猪出生后剪掉。剪牙的操作很方便，有专用的剪牙钳，也可用指甲刀，断面要平滑整齐，并用2%碘酒涂抹断端，防止感染。

七、哺乳母猪的营养需要及管理

母乳是仔猪出生后20天内的主要营养来源。因此，哺乳母猪饲养管理的主要目标就是提高母猪泌乳力，保证仔猪的成活和快速生长。同时，保证母猪在断奶时拥有良好的体况，使其能在断奶后短时间内发情，顺利进入下一个繁殖周期。

（一）母猪的泌乳规律

母猪的乳房结构特殊，每个乳房有2~3个乳腺团组成，分别由乳腺管通向乳头。乳房之间互不相连。母猪的乳池极度退化，不能储存乳汁，不能随时排乳。母猪只有在仔猪拱撞乳房、仔猪叫声等各种刺激下才能放乳。每次放乳时间很短，只有10~20秒。母猪约每隔1小时放乳一次，每昼夜平均21次。

猪乳可分为初乳和常乳。母猪产后3天内所分泌的乳汁称为初乳，3天后所分泌的乳汁为常乳。初乳中蛋白质含量高，富含免疫球蛋白。仔猪从初乳中可以获得抗体，提高自身抵抗能力。初乳中还富含具有轻泻性的镁盐，有利于胎粪的排出。

（二）哺乳母猪的饲养

1. 营养需要

哺乳母猪要分泌大量的乳汁，而乳中蛋白质含量较高且品质优良。因此，蛋白质合理供给对提高泌乳量有决定性作用。一般哺乳母猪饲料中粗蛋白质含量应为14%左右，并且要注意蛋白质饲料的搭配。哺乳母猪对能量的需要，由于受带仔数、哺乳期长短、哺乳期体重等因素的影响，其能量需要并不一致。猪乳中矿物质含量在1%左右，其中钙0.2%左右，磷0.15%左右。若矿物质不足，泌乳量降低，为满足泌乳的需要，母猪还要动用骨钙和骨磷，常常由此引起骨质疏松症而瘫痪。维生素对维持母猪健康、保证泌乳和仔猪正常发育都是必要的。因此，对哺乳母猪应尽量多给些富含维生素的饲料。

2. 饲喂技术

饲料多样配合，保证母猪全价饲粮。原料要求新鲜优质、易消化、适口性好，体积不易过大。有条件时，加喂优质青绿饲料或青贮饲料。

母猪刚分娩后，处于高度的疲劳状态，消化机能弱。开始应喂给稀粥料，2~3天后，改喂湿拌料，并逐渐增加，分娩后第一天喂0.5千克，第二天喂2千克，第三天喂3千克。5~7天后，达到正常标准。

饲喂要遵循少给勤添的原则，采用生湿拌料或颗粒饲料饲喂。一般每天3~4次，达泌乳高峰时，可视情况在夜间加喂一次。产房内设置自动饮水器，保证母猪随时饮水。

（三）哺乳母猪的管理

1. 提供安静舒适的环境

猪舍内应要随时清扫粪便，保持干燥清洁，温度适宜，阳光充足，空气新鲜。冬季应注意保温，并防止贼风侵袭；夏季应注意防暑。

2. 适量运动

一般在分娩3~5天后，让母猪带领仔猪一起到舍外运动场自由活动，以增强体质，提高泌乳量，促进仔猪发育。

3. 保护好乳房及乳头

母猪乳腺的发育与仔猪的吮吸有很大关系，特别是头胎母猪，一定要使所有乳头都能均匀利用，以免未被利用的乳头萎缩。当带仔数少于乳头数时，可以训练仔猪吃两个乳头的乳汁。

4. 日常管理

饲养人员在日常管理中,应经常观察母猪采食、粪便、精神状态及仔猪的生长发育和健康表现,若有异常,及时采取措施,妥善处理。

第四节　商品肉猪饲养管理技术

肉猪也叫生长育肥猪,是从 70 日龄至育肥出栏这一阶段的猪。这一阶段猪生长快,饲料消耗多,因此,肉猪是决定养猪经营获得最终经济效益高低的重要时期。

一、肉猪生产前的准备

(一) 猪圈的消毒

肉猪生产宜采用全进前出制。上批肉猪出栏后,舍内舍外必须进行彻底清扫,清除杂物、粪便及垫料;其次用水从上至下彻底冲洗顶棚、墙壁、地面及栏架,直到清洗干净为止。经晾晒干燥后,再喷洒消毒一次。消毒后一周方可进猪。

(二) 选购猪苗

小型养猪场、养猪专业户和一些农户,一般不养种猪而是选购仔猪肥育。购买仔猪时首先应从防疫制度严格的猪场选择;其次应挑选三元杂交猪,因为其生活力强,生长速度快,省饲料。再者挑选健康和体型好的仔猪。

从外形上看健康猪只被毛整齐,有光泽,皮肤干净,腹部无泥垢,尾巴摇摆不停,耳根不烫手,仔猪叫声清脆。体型好应选身腰长,前胸宽,嘴筒长短适中,口叉深而唇齐,后臀丰满,四肢粗壮有力,体躯各部分发育匀称的猪只。另外俗话说"出生少一两,断奶少一斤,出栏少十斤",所以购买时要买一窝中体重最大的,不能为了省钱,买体小仔猪。刚购进的仔猪还要隔离饲养一段时间,确认没有传染病时,再根据性别、体重、采食快慢等因素合理分群饲养。

（三）选择适宜的育肥方式

一条龙育肥法：根据肉猪生长发育的需要，给予相应的营养，全期实行全价平衡日粮敞开饲喂。此种方法猪生长速度快，肥育期短，但饲料利用率和胴体品质较差。

前高后低育肥法：肉猪体重在60千克之前采用高能量、高蛋白饲粮，自由采食或按顿饲喂不限量，日喂3～4次；肉猪体重达60千克以后，限制采食量，让猪吃到自由采食量的75%～80%。此法虽然对日增重有些影响，但能提高饲料效率和胴体瘦肉率。

在目前市场喜爱瘦肉的情况下，两种方法相比较，前高后低育肥法使用更为普遍。

二、创造适宜的猪舍环境条件

良好的猪舍环境条件有利于健康，减少疾病发生，同时又能促进肉猪的生长，减少恶劣环境条件带来的经济损失。

（一）适宜的环境温度和湿度

生长猪的适宜环境温度为16～23℃。在这个温度范围内猪生长快，饲料转化率高。若温度过低会降低饲料利用率，温度过高食欲减退，采食量下降，所以冬季应做好防寒保暖，夏季应做好防署降温。

温度对肉猪增重的影响，是与湿度相联系的。温度适宜时，舍内湿度在45%～75%都不会影响肉猪的采食，增重。而获得最高日增重的适宜温度为20℃，相对湿度为50%。在适宜的温度条件下，湿度对增重的影响最小。

（二）通风换气

通风换气可保持舍内空气清洁，排出有毒有害气体，减少疾病发生。一般农户可通过开窗时间增加通风，也可安装专门的风机。但冬季要注意与保暖相结合，夏季可与降温相结合。

（三）合理光照

一般情况下，光照对肉猪的日增重与饲料转化率均无显著影响。然而适宜的太阳光照对猪舍有杀菌、消毒、提高猪群免疫力和预防佝偻病的作用。

（四）保持环境安静

噪声对肉猪的休息、采食、增重都有很大影响，还会引起猪惊恐、降低食欲。所以猪场内要保持环境安静，远离工厂、道路及人群密集区。

三、良好的饲养管理

（一）饲料的调制和饲喂

饲料是肉猪生长发育的物质基础。科学地调制饲料，对提高肉猪的增重速度和饲料利用率，降低生产成本有着重要意义。饲料调制：首先选择营养全面和适合的饲料配方，其次要选择品质好的饲料原料，饲料调制的过程中要混合均匀。而饲粮的饲喂应生料干喂或湿拌料饲喂为好，湿拌料料水比为1：（1~1.5）。同时饲喂应定时、定点、定量，饲喂次数宜每天饲喂3~4次。

（二）供给充足清洁的饮水

养猪必需供给充足清洁的饮水，如果饮水不足或饮水不干净，会降低食欲，生长速度减慢，严重者引起疾病。肉猪的饮水一般以在圈内安装自动饮水器为好，也可设置专门水槽，让猪自由饮水。

（三）训练"三点定位"，保持舍内清洁

"三点定位"即采食、睡觉、排粪尿地点固定在圈内三处，形成条件反射，以便保持舍内清洁、干燥，利于猪的生长。具体方法是：猪调入新圈前，将圈舍打扫干净并消毒，在猪睡觉处铺上垫草，食槽内放入饲料，在指定排粪尿点堆放少量粪便或泼点水，并勤于守候看管。这样经过几天的训练，就会养成猪"三点定位"的习惯。

（四）合理的饲养密度

合理的饲养密度不但能增加初期建筑投资的收益，而且还能避免猪只咬尾症的发生，提高增重率。一般以每栏饲养

10~20头，每头占栏面积0.8~1.0平方米为宜。密度过大难以建立固定的位次关系，造成频繁打斗。密度过小饲养效果较好，但猪舍建筑、设备利用效率低。另外肉猪的饲养密度可随着季节的变化加以调整。例如，在寒冷的冬季每栏可多放养1~2头；在炎热的夏天，可减少1~2头，这样可产生较好的生产成绩。

（五）去势

去势可使性器官停止发育，性机能停止活动，肉猪表现安静，食欲增强，同化作用加强，脂肪沉积能力增加，日增重可提高7%~10%，饲料利用率也提高，而且还可改善猪肉品质。瘦肉型品种猪，性成熟较晚，母猪一般6~8月龄才开始发情，肉猪在此时已经出栏了，所以瘦肉型母猪可以不去势。但公猪含有雄烯酮和粪臭素，会影响肉的品质，所以育肥公猪以去势为好。

去势时，要注意猪的身体状况，尽量保证去势后不影响其正常生长。去势前后，要严格消毒，并保持圈舍卫生，以防创口感染。还要加强去势后的看护，避免猪之间的相互争斗而影响伤口的愈合。

（六）驱虫、防疫

肉猪的寄生虫主要有蛔虫、姜片吸虫、疥螨和虱子等体内外寄生虫。体内寄生虫以蛔虫感染最为普遍，主要危害3~6月龄的猪。患猪生长缓慢，消瘦，被毛蓬乱无光泽，严重可形成僵猪。通常在90日龄进行第一次驱虫，必要时在135日龄进行第二次驱虫。驱除疥螨和虱子可使用2%敌百虫溶液等药物，对猪体及所接触的猪栏各处进行喷雾，如一次不愈，可隔周再喷一次。

为避免传染病的发生，保障肉猪安全生产，按规定免疫程序进行传染病的预防非常重要。免疫的疫苗要严格按照要求运输和保存，以免失效。大群接种时，要事先进行小群接种观察，确认无异常反应后，方可进行。接种时，要按疫苗标签规定的部位和剂量准确操作，争取头头注射，个个免疫。

四、适时出栏屠宰

猪的生长发育有一定规律性，当长到一定阶段后脂肪增加，瘦肉率降低，同时饲料报酬下降。所以，生长育肥猪出栏体重不宜过大，避免猪体过肥；但也不宜体重过小，因肉猪未充分发育，瘦肉量少，肉质不佳，同时屠宰率低，也不经济。

所以，肉猪的最佳出栏活重的确定，要结合猪的生长发育规律、日增重、饲料转化率、市场需求等因素综合考虑。中国地方猪种适宜出栏活重为 70~75 千克，二元杂交猪适宜屠宰活重为 85~100 千克，内三元杂交猪为 90~100 千克，外三元杂交猪为 100~110 千克。

第五节 土猪饲养管理技术

土猪即含有 50% 或以上中国地方猪种基因的猪种。其最大特点为味美，价格高，销售快，被定位于普通市场的高档产品。

一、土猪的生物学特性

1. 繁殖力强

土猪繁殖性能强突出表现在母猪性成熟早，排卵数和产仔数多。地方猪种一般在 3~4 月龄开始发情，4~5 月龄即可配种。

2. 抗逆性强

土猪抗逆性强主要体现在抗寒、耐热、耐粗饲和在低营养条件下饲养等都具有良好的表现。

3. 肉质优良

土猪肉质细嫩多汁，烹调时醇香可口主要因为肌肉脂肪含量较高，并且分布均匀。另外土猪猪肉中含有多量的高级不饱和脂肪酸，一方面改善了肉的风味，另一方面可有效降低胆固醇在心血管和体组织、脑组织的沉积。这将成为土猪猪肉的一大优势。

4. 生长速度比较缓慢，胴体较肥

中国土猪生长缓慢，饲料利用率低，即使在全价饲料饲养的条件下，其生长性能仍低于国外品种和新培育的品种。

二、土猪的饲养管理技术要点

1. 土猪猪舍建筑

土猪猪舍应选择在地势干燥，背风向阳，平整的地方。猪舍为单列式和双列式均可。每头土猪应占地 0.8～1.2 平方米，每个猪圈养 8～12 头为宜。猪舍夏天要搭遮荫的凉棚，冬天要用塑料扣棚以提高室温。

2. 土猪饲喂

全程使用生饲料饲喂，不喂熟饲料。哺乳母猪奶水多且营养丰富，能够满足乳仔猪对营养物质的需要。但随着乳仔猪日龄的增加，其营养需要也在增加，故为了促进大龄乳仔猪的生长发育，可使用优质乳猪料作为补充。后期为了保证土猪的肉质，要适当减少能量饲料的供给，增加青绿饲料的比例，以保证土猪的肉质脆而不烂；同时，要适当控制土猪的采食量避免猪体过肥。目前，为了满足市场的要求，有的养猪户实行种草和放牧结合进行养猪以提高猪肉品质。

3. 提供适宜的环境条件

为了保证土猪有较好的生长态势，为其提供适宜的环境条件。保证土猪在不同生长阶段的不同温度需要，可有效地降低维持消耗，最大限度的提高饲料利用效率。温度对土猪增重的影响，与湿度相联系，所以湿度也应保持在适当的范围内，猪生长、育肥的最适温度为 15～25℃，湿度为 50%～75%。另外为了保证土猪的生长，也应保持适宜的通风和光照。

4. 适当运动

适量的运动能增强土猪的体质，减少疾病的发生；适当的运动也会使土猪肉质脆而不烂，肥而不腻的独特风味更加突出。同时土猪在运动过程中与富含铜、铁、钙等微量元素的天然黄泥接触，可充分补充与平衡饲料摄入微量元素的不足。

5. 驱虫

饲养土猪也要注意驱除体内外寄生虫。驱除体内寄生虫可用敌百虫片、左旋咪唑片或伊维菌素等拌和饲料让其采食内服，间隔7天后再驱虫一次。驱除体外寄生虫可使用2%敌百虫溶液等药物，对猪体及所接触的猪栏各处进行喷雾，如一次不愈，可隔周再喷一次。

6. 防疫

俗话说"防疫是畜牧生产的基本保障"，饲养土猪也一样，首先要做好防疫工作。在母猪临产前做好土猪易发病的防疫工作，使小猪在母体内获得初步免疫力（但应注意某些疫苗可能会导致妊娠母猪流产）。在小猪出生25天后逐步进行易发疾病的防疫：猪瘟、猪肺疫、猪传染性胸膜肺炎、链球菌等。

7. 适时出栏

随着人们生活水平的提高，对瘦肉的需求较迫切。而土猪早熟易肥，饲养到一定的阶段后胴体瘦肉率较低。土猪适宜的屠宰体重在70~80千克。

第五章 养猪实用技术

第六节 猪场常见病的鉴别诊断

猪呼吸道疾病的鉴别诊断

病名	项目 病原	流行特点	主要临诊症状	特征病理变化	防制
猪喘气病	支原体	大小猪均可发病，发病率高，死亡率低，病程长可反复发作，与饲养管理、气候条件有关	体温不高，咳、喘、呼吸高度困难，痉挛性咳嗽，早、晚、运动、食后及变天时更明显，腹式呼吸、有喘鸣音	肺气肿、水肿，有肉变、胰变（虾肉变），呈紫红、灰白、灰黄色	抗生素可缓解症状，可用弱毒苗和灭活苗预防
胸膜肺炎	放线杆菌	中猪最易感，猪场多见，初次发病群发，死亡率高，与饲养、环境等有关，急性者病程短，地方性流行	体温升高，高度呼吸困难，犬坐姿势，张口、伸舌、口、鼻有带泡沫黏液、耳、口、鼻皮肤发绀	出血性、坏死性、纤维素性胸膜肺炎，心包炎胸水，腹水淡黄或暗红色；肺紫色或灰黑色，与胸膜粘连	抗菌药物治疗有效，有疫苗可用
萎缩性鼻炎	支气管败血波氏杆菌	1周龄内发病死亡率高，断奶前感染易发生鼻炎，断奶后感染多呈隐性，传播慢，流行期长，可垂直传播	1周龄内发病为肺炎，急性死亡，断奶前感染者表现咳嗽，喷嚏，鼻歪，面部变形，面部皮皱变深，流泪，流鼻涕、鼻血，常无体温反应	鼻甲骨、鼻中隔萎缩，变形，严重者消失	抗生素、磺胺治疗有效，疫苗预防
猪肺疫	巴氏杆菌	架子猪多见，与季节、气候、饲养条件、卫生环境等有关，发病急、病程短，死亡率高	体温升高，剧咳，流鼻涕，触诊有痛感；呼吸困难，张口吐舌、犬坐、黏膜发绀，先便秘后腹泻；皮肤淤血出血；心衰窒息而死	咽、喉、颈部皮下水肿，纤维素性胸膜肺炎，肺水肿气肿、肝变，切面呈大理石状条纹胸腔、心包积液	链霉素及多种抗菌药物有效

· 129 ·

(续表)

病名	病原	流行特点	主要临诊症状	特征病理变化	防制
链球菌病	链球菌	各种年龄均易感,与饲养管理、卫生条件等有关,发病急,感染率高,流行期长	体温41~42℃,咳,喘,关节炎,淋巴结脓肿,脑膜炎,耳端,腹下及四肢皮肤发绀,有出血点	内脏器官出血,脾肿大,关节炎,淋巴结化脓	分离细菌作药敏试验
猪流感	流感病毒	多种动物易感,发病率高、传播快、流行广、病程短,死亡率低	体温升高,咳、喘、呼吸困难,流鼻涕、流泪,结膜潮红	常无死亡和肉眼病理变化	对症治疗,无疫苗可用
蓝耳病	动脉炎病毒	孕猪和乳猪易感,新疫区发病率高,仔猪死亡率高,垂直传播	乳猪发热,呼吸困难,咳嗽,共济失调,急性死亡,母猪皮肤发绀,流产、死胎、木乃伊	仔猪淋巴结肿大、出血,脾肿大、肺淤血、水肿、肉变	无法治疗,可用疫苗预防
伪狂犬病	伪狂犬病病毒	多种动物易感,孕猪和新生猪为最,感染率高,发病严重,仔猪死亡率高,垂直传播,流行期长	体温40~42℃,呼吸困难,腹式呼吸,咳嗽、流鼻涕、腹泻、呕吐,有中枢神经系统症状,共济失调,很快死亡,孕猪发生流产、死胎、木乃伊	呼吸道及扁桃体出血、水肿,肺水肿、出血性肠炎,胃底部出血,肾脏针尖状出血,脑膜充血、出血	无法治疗,有疫苗可用
弓形虫病	弓形虫	各种年龄的猪均易感	体温40~42℃,咳,喘,呼吸困难,有神经症状,后期体表有紫斑及出血	皮肤出血出血性肺炎,肺肿大、淤血,间质增宽、脾肿大	磺胺类药有效
副猪嗜血杆菌病	副猪嗜血杆菌	只感染猪,从2周龄到4月龄的猪均易感,通常见于5~8周龄的猪	发热、食欲不振、厌食、反应迟钝、呼吸困难、咳嗽、疼痛(尖叫)、关节肿胀、跛行、颤抖、共济失调、可视黏膜发绀、侧卧、消瘦和被毛凌乱,随之可能死亡	单个或多个浆膜面可见浆液性和化脓性纤维蛋白渗出物,包括腹膜、心包膜和胸膜,损伤也可能涉及脑和关节表面	疫苗接种,药物预防。加强饲养管理,以减少或消除其他呼吸道病原

引起猪繁殖障碍的疾病鉴别诊断

病名	病原	流行特点	主要临诊症状	特征病理变化	防制
细小病毒感染	细小病毒	只感染猪，大小猪均易感，但仅初产猪表现症状。垂直传播，流行期长	妊娠早期感染胚胎死亡产仔数少或屡配不孕，中期感染产木乃伊，后期感染产仔正常	发育不良，死胎充血、水肿、出血、体腔积液或木乃伊化	无法治疗，疫苗预防
乙型脑炎	乙脑病毒	初产母猪多发、仔猪和育肥猪，人兽共患，夏秋多见，与蚊虫有关，散发，感染率高，发病率低	可侵害各时期胎儿，多产出死胎和木乃伊，少数为活仔，但1~2天发病死亡，公猪睾丸单侧性肿胀、热、疼	胎儿脑水肿，脑膜脊髓充血，非化脓性脑炎，脑发育不全，皮下水肿，体腔积液，肝脾坏死	无法治疗，疫苗预防
伪狂犬病	伪狂犬病毒	多种动物易感，孕猪和新生仔猪最易感，感染率高，发病严重，流行期长，无季节性，仔猪死亡率高，母猪主要流产，垂直传播	侵害妊娠40天以上胎儿，出现流产、死产、木乃伊及弱仔多见，弱仔发病死亡快，母猪无其他症状，仔猪呼吸道和神经症状	无明显肉眼病理变化，非化脓性脑炎，脑组织有核内包涵体	无法治疗，疫苗预防
蓝耳病	蓝耳病病毒	孕猪和新生仔猪易感，无季节性，感染率高，新疫区发病率高，仔猪死亡率高，母猪无死亡，垂直传播	流产、死产多见于妊娠后期，偶见木乃伊，母猪有全身症状，并影响再次配种，新生仔猪死亡率高	仔猪淋巴结肿大、出血，脾肿大，肺淤血、水肿、肉变	无法治疗，疫苗预防
猪瘟	猪瘟病毒	只感染猪，不分年龄品种，无季节性，发病率、死亡率均高，常呈流行性，流行期长，可垂直传播	体温40~41℃，先便秘，后腹泻，皮肤出血，公猪包皮积尿，个别有神经临诊症状	败血症，全身皮肤及脏器广泛出血，雀斑肾，脾边缘梗死，肠道扣状溃疡	无法治疗，疫苗预防，紧急接种

(续表)

病名	病原	流行特点	主要临诊症状	特征病理变化	防制
链球菌病	链球菌	各种年龄均易感，地方流行，无季节性，与饲养管理、卫生条件等有关，发病急，感染率高，流行期长	多在急性暴发时发生大批流产，可见于妊娠各个时期，病猪还有相应的其他症状	内脏器官出血，脾肿大，关节炎、淋巴结化脓	早治有效，疫苗预防
布病	布氏杆菌	人兽共患，多见于产仔季节，感染率高，但仅少数孕猪发病	孕猪流产可见于妊娠各个时期，以早中期多见，公猪表现睾丸炎	胎儿自溶、水肿、出血，体腔积液，母猪胎盘炎、子宫内膜炎	无治疗价值，淘汰病猪，疫苗预防
附红体病	附红体	人兽共患，感染率高，极少发病，需一定诱因，多继发于其他病	发热，贫血，黄疸，孕猪流产，很少死亡	浆黏膜黄染，弥漫性血管炎，浆细胞、淋巴细胞和单核细胞聚集；肝脾肿大变性、炎性坏死；心肾炎性变化	血虫净、贝尼尔、四环素等治疗有特效，搞好常规防疫措施

第六章 肉牛、肉羊养殖实用技术

第一节 肉牛养殖技术

一、肉牛的品种

在肉牛生产中，目前，国内的肉牛主要是国外优良肉牛品种与我国本地黄牛杂交生产的杂交改良牛和我国几个地方良种黄牛品种。这些牛通过科学饲养，特别是后期集中3~5个月催肥，使其具有了良好的肉用性能，18~27月龄体重450千克以上，经济效益非常显著。

国外比较优秀的专用肉牛品种主要有：安格斯、夏洛来、利木赞、西门塔尔和皮埃蒙特等，其主要优点在于出生重比较大，生长发育快，成熟早，出栏早，产肉量大。而国内也有很多优秀的黄牛品种：延边黄牛、鲁西黄牛、秦川牛、南阳牛、晋南牛等，以上5个黄牛品种并称我国五大良种黄牛，它们的特点是耐粗饲，适应性强，抗病力强，胴体质量较好并具有稳定的遗传性等。

二、肉牛的饲料

肉牛常用的饲料种类有：精饲料、粗饲料、青绿饲料、多汁饲料、加工副产品饲料、矿物质饲料和非蛋白氮饲料。

1. 精饲料

主要有两大类，即禾本科籽实和豆科籽实。共同特点：可消化营养物质含量高，体积小，粗纤维含量少，是饲喂牛羊的主要能量和蛋白质饲料。

常用饲料：玉米、大麦、高粱和大豆。

2. 粗饲料

粗饲料是指体积大，难消化，可利用养分少，干物质中粗纤维含量18%以上的一类饲料，主要包括干草类、农副产品类、树叶类、糟渣类等。

3. 青绿饲料

青绿饲料是指天然水分含量60%以上的植物性饲料，以其富含叶绿素而得名，包括天然草地牧草、栽培牧草、田间杂草、幼枝嫩叶、水生植物及菜叶瓜藤类饲料等。粗蛋白质含量丰富，消化率高，品质优良，生物学价值高，对牛羊生长、生殖和泌乳都有良好的作用。维生素含量丰富。各种青绿饲料的钙、磷含量差异较大。豆科植物的钙含量特别高，青饲料中钙磷多集中在叶片内，它们占干物质的百分比随着植物的成熟程度而下降。青饲料能较好地被家畜利用，且品种齐全，具有来源广、成本低、采集方便、加工简单、营养全面等优点。

4. 多汁饲料

多汁饲料水分含量高，在自然状态下一般含量为75%~95%，故称为多汁饲料，具有轻泻与调养的作用，对泌乳母牛、母羊还起催乳作用。维生素含量因种类不同而差异很大。适口性好，能刺激牛羊食欲，有机物质消化率高。产量高，生长期短，生产成本低，易组织轮作，但因含水量高，运输较困难，不易保存。常用的有甜菜、胡萝卜和甘薯。

5. 加工副产品饲料

这类饲料主要是一些农产品加工生产后产生的副产品，它主要包括：

（1）糠、麸类饲料　它们是磨粉业副产品，包括米糠、麸皮、玉米皮等；

（2）油饼类饲料　它是榨油业的副产品。此类饲料常专作蛋白质补充饲料，是牛生产中重要的蛋白质饲料来源。

油饼类饲料的营养价值很高，油饼类饲料中粗蛋白质的消化率、利用率均较高。

①大豆饼：是饼类饲料中数量最多的一种，有黄豆饼、黑豆饼两种，一般粗蛋白质含量在40%以上，其中必需氨基酸的含量比其他植物性的饲料都高，它是植物性饲料中生物学价值最高的一种。豆饼的适口性好，营养成分较全面。

②棉籽饼：粗蛋白质含量仅次于豆饼，但赖氨酸缺乏，蛋氨酸、色氨酸都高于豆饼；含钙少，缺乏维生素A、维生素D。因此，棉籽饼的营养价值低于豆饼，但高于禾本科谷类饲料。棉籽饼中含有棉酚毒，这是一种危害血管细胞和神经的毒素，因此，用它要先去毒，并且要饲喂得法和控制喂量。棉籽饼去毒的方法很多，例如，用清水泡、碱水泡（1%~2%）或者煮沸等，其中以煮沸去毒的效果最好。用去毒的棉籽饼喂牛，一般由少到多，逐步达到规定量。其喂量，成年牛每天喂2~3千克，育成牛1~1.5千克。切记饲喂受潮发霉的棉籽饼。

③花生饼：有带壳的和脱壳的两种。脱壳花生饼粗蛋白质含量高，营养价值与豆饼相似，但因含有抑制胰蛋白酶因素，加温后易被破坏，且含赖氨酸和蛋氨酸略少，磷的含量比豆饼少；喂花生饼时，最好添加动物性饲料，以弥补上述缺点。花生饼中缺乏维生素和胡萝卜素，但尼克酸特别丰富。花生饼略有甜味，适口性好，在饼类饲料中质量较好。

④菜籽饼：菜籽饼的营养价值不如大豆饼，含粗蛋白质34%~38%，可消化蛋白质为27.8%。因为菜籽饼含有配糖体—芥籽素等，如用温水浸泡，由于酶的作用生成芥籽油等毒素，味苦而辣，不仅口味不良，对牛的消化器官有刺激作用，能使肠道和肾脏发生炎症。所以初喂时可与适口性好的饲料混合饲喂，而且喂量不宜多，每头牛每日喂1千克左右，犊牛和孕牛不宜喂给。喂用前，可采用坑埋法脱去菜籽饼中的毒素。

油饼类饲料中还有糠饼、芝麻饼、葵花籽饼、椰籽饼等，营养价值均较高，适口性好，是饲喂牛的良好蛋白质补充饲料。

(3) 糟渣类饲料

①豆腐渣：新鲜豆腐渣含水分80%以上，含粗蛋白质3.4%左右，是喂牛的好饲料。由于豆腐渣含水分多，容易酸败，饲喂过量易使牛拉稀，而且维生素也较缺乏。因此，最好煮熟再喂牛，并搭配其他饲料，以提高其生物学价值。

②甜菜渣：它是制糖业的副产品。新鲜甜菜渣含水分多，营养价值低，但适口性好，是牛的调剂性好饲料。甜菜渣含有大量游离的有机酸，饲喂过量易使牛拉稀。喂量可根据牛的粪便变化情况灵活掌握。

③酒糟、醋糟、酱油糟：这类饲料粗蛋白质含量相当丰富。粗纤维含量高，体积大。酒糟是育肥牛的好饲料，但喂量不宜大，因酒糟含有一些残留酒精，饲喂过量会引起牛流产或产死胎、弱胎。酱油糟的营养价值较高，但含盐分过多，也不宜多喂。

6. 矿物质饲料

矿物质是牛体生长、发育、繁殖和生产不可缺少的物质。在天然饲料中都含有矿物质，它们对整个日粮的消化利用，能起到一定的促进作用。一般情况下，牛若能采食多种饲料，基本上可以满足机体健康和正常生长对其的需要。

牛的日常生产中常用的矿物质饲料有：

(1) 食盐　大多数以植物性饲料为主的家畜，摄入的钠和氯远远不能满足需要，需补充食盐，相反，摄入的钾相当多。补充食盐，既可以满足钠和氯的需要，又可满足机体对矿物质平衡的要求。在缺碘地区，以碘盐补给。

(2) 含钙、磷的矿物质　钙和磷是一对相辅相承的矿物质元素，缺少其中任何一个，对机体健康都不利，比例不适，也会影响机体健康。所以常将钙和磷放在一起来叙述。

钙、磷矿物质饲料，从其提供钙、磷的方式来看，可分为以下3类：

含钙的矿物质饲料：石粉、贝壳粉、蛋壳等。它们的主要成分是碳酸钙。这类饲料来源广、价格廉，但利用率不高。

含磷的矿物质饲料：磷酸二氢钠、磷酸氢二钠、磷酸等。单纯含磷的矿物质饲料不多，其价格昂贵，不单独补给，只有在个别情况下才使用。

含钙、磷的矿物质：骨粉、磷酸钙、磷酸氢钙等，它们既含钙，又含磷，消化利用要比单纯含钙矿物质好，价格又比含磷矿物质低，故生产中应用较多。

（3）混合矿物质饲料　这类饲料是人们根据家畜不同生理状态对各种矿物质元素的需要，按一定比例配制而成的。目前，这类饲料名目繁多，多以添加剂形式供给。

7. 非蛋白氮饲料（NPN）

从牛的消化特性可知，瘤胃微生物可利用非蛋白氮—氨作为氮源，合成菌体蛋白，所以可用非蛋白质含氮物代替部分蛋白质饲料喂牛，以节省饲料，降低养殖成本。1千克尿素相当于5~8千克油饼类饲料。因此，在反刍家畜饲养中应用尿素就可节约大量蛋白质饲料。尿素虽然是一种很好的蛋白质补充饲料，可以为牛提供氮素，但却不能提供其他营养。因此，利用尿素补充蛋白质时，必须同时补充能量、矿物质和维生素，才能收到应有的效果。

据研究报道，当日粮中粗蛋白质含量（以干物质为基础计算）增加至13%以上时，瘤胃中氨量将迅速增加，100毫升胃液中的氨量超过5毫克，就超过微生物的利用能力而浪费了。所以当日粮中蛋白质含量较高时，只需补充很少量的非蛋白质含氮物，甚至可以不补充。而当日粮中蛋白质含量较低时，补充适量的非蛋白质含氮物（如尿素等），就能发挥更好的经济效益。

（1）尿素的用量与用法

1）用量：①替代日粮蛋白质量的35%；②占精料的3%；③占日粮干物质的总量的1%；④每日每头限喂150~220克。

2）使用方法：①尿素青贮：按青料重量的 0.5%～0.6% 将尿素配成 33% 的溶液，均匀喷在青料上装填；②做成舔砖：由尿素、糖蜜、石灰、黄泥、短稻秆、盐等搅拌晾干而成；③拌入精料中喂；④拌入粗料中喂。

（2）防止尿素中毒　由于牛瘤胃内的微生物分泌一种活性很强的脲酶，当尿素的喂量过大时，分解为氨的速度过快，在不到 2 小时时间里可完全水解生成氨，微生物来不及利用，产生的氨就吸收进血液，导致血氨升高发生中毒。会使牛出现不安，精神紧张，唾液多，肌肉震颤。供给失调，呼吸困难，频频排尿，前肢僵硬，挣扎叫喊。体温下降。阵发性强直性痉挛，抽搐，颈静脉明显跳动。瘤胃常有膨胀。常在 30 分钟至 2.5 小时死亡。此时可在痉挛前灌服 2% 醋酸溶液 2～3 升，使瘤胃 pH 值下降，与氨合成不易溶解的醋酸铵；或者灌服 20～30 升的冷水；对于重症病牛，可用硫代硫酸钠 50～100 克，静脉缓慢注射。

（3）正确使用尿素类饲料　方法如下：①尿素用量一般不应超过总氮需要量的 1/3；②高产牛如日粮蛋白质已足够，就不要再加喂尿素；③尿素安全用量不要超过日粮干物质的 1%，500 千克左右的成年牛的喂量，每天 150 克左右（100 千克体重 20～30 克），50 千克的成年羊每天 10～15 克；④因尿素吸湿性强，易分解为氨，因此，不能单喂或溶于水中喂，喂后 2 小时不能饮水，以免尿素直接流入皱胃，引起中毒；⑤尿素适口性差，最好加在混合精料内饲喂或同淀粉类饲料、食盐等矿物质饲料制成尿素矿物质饲料砖，供牛羊舔食，或制成含尿素 0.5% 左右的青贮玉米料饲喂；⑥精料中添加尿素饲喂时，不能同时喂生豆饼，因豆饼中含有脲酶，在有水的情况下使尿素分解，造成损失；⑦每天饲用的尿素总量分多次饲喂，有利于稳定瘤胃中氨的浓度，避免浪费或中毒。

三、牛的繁殖技术

（一）母牛发情

母牛发情是指母牛卵巢上出现卵泡的发育，能够排出正常的成熟卵子，同时在母牛外生殖器官和行为特征上呈现一系列变化的生理和行为学过程。

母牛出现第一次发情的现象叫初情期。母犊牛一般6月龄时开始有性表现，以后生殖器官的生长速度明显加快，8~14月龄时性成熟，此时，各生殖器官的结构与功能日趋完善，性腺能分泌生殖激素，卵巢基本上发育完全，开始产生具有受精能力的卵子，并出现发情症状，但一般不配种，需要等到18~24月龄体成熟了才开始配种。

牛的发情持续期指从发情症状出现，到症状的消失所持续的时间，家牛只有15~18小时，所以一定要看准时机适时配种。牛种及品种、年龄、营养状况、环境温度的变化等都可以影响牛的发情持续时间长短。一般初情期的牛和老年牛的发情持续期也较壮年牛为短。

正常成年母牛在其繁殖年龄阶段，如果没有怀孕，即会出现周期性的发情表现和发情特征，这种周期性的性活动叫发情周期。母牛的发情周期因牛种而异，平均21天，青年母牛为20天（18~24天）。

母牛产犊后，经过一定的生理恢复期，又会出现发情。产后生理的恢复包括卵巢功能、子宫形态和功能以及内分泌功能的恢复等过程。产后的一段时间，由于促性腺激素分泌减少，卵泡发育受到抑制而没有大的卵泡，子宫的大小、位置和功能也没有恢复，一般约需12~56天。

发情的征状：

1. 爬跨现象

发情母牛在运动场或放牧时爬跨其他母牛或被其他牛爬跨，特别是在发情旺盛期的母牛，当其他牛爬跨时，常静立不动，且接受交配。

2. 行为变化

在发情初期,母牛眼睛充血,眼睛有神,常表现出兴奋、不安,有时哞叫,此过程随着发情的进展而更明显。到发情后期,母牛又从性兴奋转变为安静状态。发情盛期,牛的食欲减退,甚至出现拒食。排粪排尿次数增多,乳牛泌乳量下降。

3. 生殖道的变化

发情母牛外阴充血、肿胀,子宫颈松弛、充血,颈口开放,腺体分泌增多,产生黏液并从外阴部流出体外。阴道流出黏液的量与黏稠度往往是判断发情阶段的依据。

4. 卵巢和内分泌水平的变化

在发情前 2～3 天卵巢内卵泡发育很快,卵泡液不断增多,卵泡体积逐渐增大,卵巢壁变薄,突出于卵巢的表面,最后成熟排卵,排卵后形成黄体。

在生产中,可以进行外部观察法、阴道检查法、直肠检查法等来进行发情的鉴定。

(二) 牛的配种与人工授精

1. 母牛的初配年龄

母牛的初配年龄是指母牛第一次配种的年龄。决定母牛初配的年龄,主要根据牛的生长发育速度、饲养管理水平、气候和营养等因素综合考虑,但更重要的是根据牛的体重确定。一般情况下,青年母牛的体重要达到成年母牛体重的 70% 左右,才可以进行第一次配种。这在大型奶牛约为 350～420 千克,中国黄牛约为 150～250 千克。达到这样体重的年龄,在饲养条件好的早熟品种约为 14～16 月龄;饲养差的晚熟品种约为 18～24 月龄。

2. 无论肉用牛、乳用牛

产犊成绩往往与其生产性能的发挥有着密切的联系,因此,母牛产犊后应尽可能提早配种。当然母牛产后配种过早也是不适宜的,应有 40～60 天的休情期,并在此后 1～3 个情期内配种受孕。

3. 适时输精

母牛排卵多在发情结束后 10~20 小时，距发情开始约 30 小时。根据这一情况，适当安排输精时间非常重要。一般认为母牛发情盛期稍后到发情末期或拒绝爬跨再过 6~8 小时是输精的适宜时间。在生产中如发现母牛早晨接受爬跨则上午输精一次，傍晚再输精一次；中午或午前发现爬跨则当晚输精一次，次晨再配一次；下午接受爬跨，次日早晨第一次输精，隔 8 小时再配一次。

4. 配种方式

母牛的配种方式有两种：一种是自然交配，指发情母牛直接与公牛交配，可以人工辅助交配；另一种是人工授精。目前，随着黄牛改良工作的普及，多数地区采取人工授精配种，是一项最易推广应用的繁殖技术。其过程主要包含有：①采精前所有器材和设备的准备；②采精前公牛的准备；③进行采精；④精液检查；⑤精液稀释；⑥输精。

（三）母牛的妊娠

无论是自然交配还是人工授精，一旦精卵结合授精，即意味着妊娠的开始。

母牛配种后，尽早进行妊娠诊断，可以防止母牛空怀，提高繁殖率。经过妊娠检查，对没有受胎的母牛，应及时进行配种；对已受胎的母牛，须加强饲养管理，做好保胎工作。母牛的妊娠诊断主要是根据妊娠期间的体内外变化及行为的改变而进行的。常用的有以下几种方法：

1. 外部观察法

母牛怀孕后，不再出现发情，随着妊娠期的进展，食欲和饮水量增加，故牛的营养状况改善；行为上发生明显的改变，如性情变得温顺、行动迟缓，常躲避角斗或追逐，放牧或驱赶运动时，常落在牛群之后；怀孕中后期腹围增大，右侧腹壁突出，可触到或看到胎动；头胎牛乳房发育加快，妊娠 4~5 个月后乳房体积明显地增大，而经产牛通常在分娩前 1 个月左右，才有显著的乳房增大或水肿。

2. 直肠检查法

早期的直肠检查，主要根据子宫角和卵巢黄体的变化进行判断。有孕体的一侧子宫角一般较另一侧略大，且柔软；同侧卵巢也较他侧为大，且卵巢上的黄体质软而突出于卵巢表面。后期的直肠妊娠检查主要是根据子宫中动脉特异脉搏等的变化和胎儿的存在进行判断。

3. 阴道检查法

该法是根据阴道黏膜色泽、黏液分泌及子宫颈状态等确定母牛是否妊娠。正常情况下，母牛怀孕 3 周后，阴道黏膜由未孕时的淡粉红色变为苍白色，没有光泽，表面干燥，同时阴道收缩变紧。阴道黏液的变化较为明显：怀孕 1.5~2 个月，子宫颈口附近有黏稠黏液，量很少，3~4 个月后量增多变为浓稠、灰白或灰黄，形如浆糊。妊娠母牛的子宫颈紧缩关闭，有浆糊状的黏液块堵塞于子宫颈口称为子宫颈塞（栓），可以保护胎儿免遭外界病菌的侵入。子宫颈栓在分娩或流产前溶解，并呈线状流出体外。

4. 妊娠期

母牛的妊娠期一般是 270~285 天，平均 280 天。为了饲养管理好不同妊娠阶段的母牛，编制产犊计划，合理安排生产，做好分娩前的各项准备工作，必须推算出母牛的预产期。

母牛预产期的推算方法可采用配种月份减 3、配种日期加 7 的方法，如若配种月份在一二月份时，可加上 12 个月后再减去 3。举例如下，某头母牛最后一次配种日期为 2011 年 4 月 22 日，预产期为：

4 - 3 = 1（即为 2012 年 1 月）

22 + 7 = 29（即为 1 月 29 日）

因此，该头牛的预产日期为2012年1月29日。

(四) 分娩

经过一定时间的妊娠后，胎儿发育成熟，母体和胎儿之间的关系，由于各种因素的作用而失去平衡，导致母牛将胎儿及附属膜排出体外，这一生理过程称为分娩。

1. 分娩预兆

妊娠后期，母牛的乳房发育加快，特别在初产母牛更为明显。到分娩前约半个月，乳房迅速发育膨大，腺体充实，乳头膨胀，临产前一周有迟乳滴出。临产前，阴唇逐渐松弛变软、水肿，皮肤上的皱褶展平，阴道黏膜潮红，子宫颈肿胀、松软，子宫颈栓溶化变成半透明状黏液排出阴门。骨盆韧带柔软、松弛，耻骨缝际扩大，尾根两侧凹陷，以适于胎儿通过。在行动上母牛表现为活动困难，起立不安，尾高举，回顾腹部，常作排粪尿状，食欲减少或停止。所有这些症状，说明母牛已近临产。此时应有专人看护，做好接产和助产的准备。一般情况下，在预产期前1~2周，就应将母牛移入产房，以对其进行特别的看护及照料，以保证母牛的顺利分娩。

2. 分娩过程

正常的分娩一般可以分为开口期、胎儿产出期和胎衣排出期。

（1）开口期 从子宫颈开始阵缩到子宫颈完全扩张称开口期。平均为6小时（1~12小时），经产牛较快，初产牛较慢。

（2）胎儿产出期 从子宫颈完全开张到胎儿排出母体外称为胎儿产出期。产出期一般1~4小时，初产母牛较经产牛慢，产双胎时两胎相隔1~2小时。

（3）胎衣排出期 胎儿产出到胎衣排出称胎衣排出期。牛的胎衣正常排出期为4~6小时，最多不超过12小时。超过这一时间可视为胎衣不下。

3. 助产及助产原则

分娩是母牛正常的生理过程，一般情况下，不需要助产而任其自然产出。但在胎位不正、胎儿过大、母牛分娩无力等情况下，必须进行必要的助产。

助产者要穿工作服、剪指甲、准备好酒精、碘酒、剪刀、镊子、药棉以及助产绳等。助产人员的手、工具和产科器械都要严密消毒，以防病菌带入子宫内，造成生殖系统的疾病。

当发现母牛有分娩症状，助产者先用0.1%～0.2%的高锰酸钾温水或1%～2%来苏儿，洗涤外阴部或臀部附近，并用毛巾擦干。

放观察到胎膜已经露出体外时，不应急于将胎儿拉出，应将手臂消毒后伸入产道，检查胎儿的方向、位置和姿势，如胎位正常，可让其自然分娩。如是倒生，后肢露出后，则应及时拉出胎儿，以免造成胎儿窒息死亡。

如果当胎儿前肢和头部露出阴门，但羊膜仍未破裂，可将羊膜扯破，并擦净胎儿口腔、鼻周围的黏液，以便胎儿呼吸。当破水过早，产道干燥或狭窄而胎儿过大时，可向阴道内灌入肥皂水或植物油润滑产道，以便拉出胎儿。

犊牛产出后，应先将其鼻、口腔中的黏液除去，用干草将身上的黏液擦净，也可以让母牛自己舔干。同时将蹄端的软蹄除去，称其出生重。然后，助产人员用5%碘消毒自行断裂的脐带。

犊牛产出后，还要注意母牛的胎衣的排出。一般应在胎儿排出后2～8小时排出胎衣，超过时间时（一般为12小时，夏季则不宜超过4～6小时，以防胎衣腐败导致的牛子宫感染），就应及时采取胎衣剥离措施或其他处理方法。

四、犊牛的饲养管理

犊牛，系指初生至断乳前这段时期的小牛。肉用牛的哺乳期通常为6个月。犊牛的饲养管理应注意下面几个环节。

(一) 饲养

1. 早喂初乳

初乳是母牛产犊后 5~7 天内所分泌的乳。初乳色深黄而黏稠,干物质总量较常乳高 1 倍,在总干物质中除乳糖较少外,其他含量都较常乳多,尤其是蛋白质、灰分和维生素 A 的含量。初乳对犊牛的健康与发育有着重要作用,表现在:①初生犊牛胃肠壁黏膜不发达,吃初乳后乳覆在胃肠壁上,可阻止细菌侵入;②初生的犊牛没有免疫力,初乳中的免疫球蛋白,使犊牛获得被动免疫,含有的溶菌酶,能杀灭病原菌;③初乳的酸度高(45~50°T),使胃液变酸,可抑制有害菌;④可促进皱胃分泌消化酶;⑤初乳中较多的镁盐,促进胎粪排出;⑥初乳中丰富的养分使犊牛获得充足的营养。

犊牛出生后应尽快让其吃到初乳。一般犊牛生后 0.5~1 小时,便能自行站立,此时要引导犊牛接近母牛乳房寻食母乳,若有困难,则需人工辅助哺乳。若母牛健康,乳房无病,农家养牛可令犊牛直接吮吸母乳,随母自然哺乳。

若母牛产后生病死亡,可由同期分娩的其他健康母牛代哺初乳。在没有同期分娩母牛初乳的情况下,也可喂给牛群中的常乳,但每天需补饲 20 毫升的鱼肝油,另给 50 毫升的植物油以代替初乳的轻泻作用。

2. 饲喂常乳

可以采用随母哺乳、保姆牛法和人工哺乳法给哺乳犊牛饲喂常乳。

(1) 随母哺乳法　让犊牛和其生母在一起,从哺喂初乳至断奶一直自然哺乳。为了给犊牛早期补饲,促进犊牛发育和诱发母牛发情,可在母牛栏的旁边设一犊牛补饲间,短期使母牛与犊牛隔开。

(2) 保姆牛法　选择健康无病、气质安静、乳及乳头健康、产奶量中下等的奶牛(若代哺犊牛仅一头,选同期分娩的母牛即可，不必非用奶牛）做保姆牛，再按每头犊牛日食4~4.5千克乳量的标准选择数头年龄和气味相近的犊牛固定哺乳，将犊牛和保姆牛管理在隔有犊牛栏的同一牛舍内，每日定时哺乳3次。犊牛栏内要设置饲槽及饮水器，以利于补饲。

（3）人工哺乳法　对找不到合适的保姆牛或奶牛场淘汰犊牛的哺乳多用此法。新生犊牛结束5~7天的初乳期以后，可人工哺喂常乳。犊牛的哺乳量可参考表6-1。哺乳时，可先将装有牛乳的奶壶放在热水中进行加热消毒（不能直接放在锅内煮沸，以防过热后影响蛋白的凝固和酶的活性），待冷却至38~40℃时哺喂，5周龄内日喂3次；6周龄以后日喂2次。喂后立即用消毒的毛巾擦嘴，缺少奶壶时，也可用小奶桶哺喂。

表6-1　不同周龄犊牛的哺乳量　　（单位：千克）

类别\日喂量	1~2	3~4	5~6	7~9	10~13	14以后	全期用奶
小型牛	4.5~6.5	5.7~8.1	6	4.8	3.5	2.1	540
大型牛	3.7~5.1	4.2~6.0	4.4	3.6	2.6	1.5	400

3. 早期补饲植物性饲料

采用随母哺乳时，应根据草场质量对犊牛进行适当的补饲，既有利于满足犊牛的营养需要，又利于犊牛的早期断奶。

人工哺乳时，要根据饲养标准配合日粮，早期让犊牛采食以下植物性饲料。

干草：犊牛从7~10日龄开始，训练其采食干草。在犊牛栏的草架上放置优质干草，供其采食咀嚼，可防止其舔食异物，促进犊牛发育。

精饲料：犊牛生后15~20天，开始训练其采食精饲料。其精饲料配方可参考表6-2。初喂精饲料时，可在犊牛喂完奶后，将犊牛料涂在犊牛嘴唇上诱其舔食，经2~3日后，可在犊牛栏内放置饲料盘,放置犊牛料任其自由舔食。因初期采食量较少,料不应放多,每天必须更换,以保持饲料及料盘的新鲜和清洁。最初每头日喂干粉料 10~20 克,数日后可增至 80~100 克,等适应一段时间后再喂以混合湿料,即将干粉料用温水拌湿,经糖化后给予。湿料给量可随日龄的增加而逐渐加大。

表 6-2 犊牛的精料配方

饲料名称	配方1	配方2	配方3	配方4
干草粉颗粒	20	20	20	20
玉米粗粉	37	22	55	52
糠粉	20	40	—	—
糖蜜	10	10	10	10
饼粕类	10	5	12	15
磷酸二氢钙	2	2	2	2
其他微量盐类	1	1	1	1
合计	100	100	100	100

多汁饲料:从生后 20 天开始,在混合精料中加入 20~25 克切碎的胡萝卜,以后逐渐增加。无胡萝卜,也可饲喂甜菜和南瓜等,但喂量应适当减少。

青贮饲料:从 2 月龄开始喂给。最初每天 100~150 克;3 月龄可喂到 1.5~2.0 千克;4~6 月龄增至 4~5 千克。

4. 饮水

牛奶中的含水量不能满足犊牛正常代谢的需要,必须训练犊牛尽早饮水。最初需饮 36~37℃ 的温开水;10~15 日龄后可改饮常温水;1 月龄后可在运动场内备足清水,任其自由饮用。

5. 补饲抗生素

为预防犊牛拉稀,可补饲抗生素饲料。每头补饲 1 万国际单位的金霉素,30 日龄以后停喂。

(二) 犊牛的管理

1. 注意保温、防寒

特别在中国北方,冬季天气严寒风大,要注意犊牛舍的保暖,防止贼风侵入。在犊牛栏内要铺柔软、干净的垫草,保持舍温在0℃以上。

2. 去角

对于将来做肥育的犊牛和群饲的牛去角更有利于管理。去角的适宜时间多在生后7~10天,常用的去角方法有电烙法和固体苛性钠法两种。电烙法是将电烙器加热到一定温度后,牢牢地压在角基部直到其下部组织烧灼成白色为止(不宜太久太深,以防烧伤下层组织),再涂以青霉素软膏或硼酸粉。后一种方法应在晴天且哺乳后进行,先剪去角基部的毛,再用凡士林涂一圈,以防以后药液流出,伤及头部或眼部,然后用棒状苛性钠稍湿水涂擦角基部,至表皮有微量血渗出为止。在伤口未变干前不宜让犊牛吃奶,以免腐蚀母牛乳房的皮肤。

3. 母仔分栏

在小规模系养式的母牛舍内,一般都设有产房及犊牛栏,但不设犊牛舍。在规模大的牛场或散放式牛舍,才另设犊牛舍及犊牛栏。犊牛栏分单栏和群栏两类,犊牛出生后即在靠近产房的单栏中饲养,每犊一栏,隔离管理,一般1月龄后才过渡到群栏。同一群栏犊牛的月龄应一致或相近,因不同月龄的犊牛除在饲料条件的要求上不同以外,对于环境温度的要求也不相同,若混养在一起,对饲养管理和健康都不利。

4. 刷拭

在犊牛期,由于基本上采用舍饲方式,因此皮肤易被粪及尘土所黏附而形成皮垢,这样不仅降低皮毛的保温与散热力,使皮肤血液循环恶化,而且也易患病,为此,对犊牛每日必须刷拭一次。

5. 运动与放牧

犊牛从出生后 8~10 日龄起,即可开始在犊牛舍外的运动场做短时间的运动,以后可逐渐延长运动时间。如果犊牛出生在温暖的季节,开始运动的日龄还可适当提前,但需根据气温的变化,掌握每日运动时间。

在有条件的地方,可以从生后第二个月开始放牧,但在 40 日龄以前,犊牛对青草的采食量极少,在此时期与其说放牧不如说是运动。运动对促进犊牛的采食量和健康发育都很重要。在管理上应安排适当的运动场或放牧场,场内要常备清洁的饮水,在夏季必须有遮阴条件。

五、育成牛的饲养管理

犊牛断奶至第一次配种的母牛,或做种用之前的公牛,统称为育成牛。此期间是生长发育最迅速的阶段,精心的饲养管理,不仅可以获得较快的增重速度,而且可使幼牛得到良好的发育。

(一)育成母牛的饲养管理

6~12 月龄　为母牛性成熟期。在此时期,母牛的性器官和第二性征发育很快,体躯向高度和长度两个方向急剧生长,同时,其前胃已相当发达,容积扩大 1 倍左右。因此,在饲养上要求既要能提供足够的营养,又必须具有一定的容织,以刺激前胃的生长。所以对这一时期的育成牛,除给予优质的干草和青饲料外,还必须补充一些混合精料,精料比例约占饲料干物质总量的 30%~40%。

12~18 月龄　育成牛的消化器官更加扩大,为进一步促进其消化器官的生长,其日粮应以青、粗饲料为主,其比例约占日粮干物质总量的 75%,其余 25% 为混合精料,以补充能量和蛋白质的不足。

18~24 月龄　这时母牛已配种受胎,生长强度逐渐减缓,体躯显著向宽深方向发展。若饲养过丰,在体内容易蓄积过多脂肪,导致牛体过肥,造成不孕;但若饲养过于贫乏,又会导致牛体生长发育受阻,成为体躯狭浅、四肢细高、产奶量不高的母牛。因此,在此期间应以优质干草、青草或青贮饲料为基本饲料,精料可少喂甚至不喂。但到妊娠后期,由于体内胎儿生长迅速,则须补充混合精料,日定额为2~3千克。

如有放牧条件,育成牛应以放牧为主。在优良的草地上放牧,精料可减少30%~50%;放牧回舍,若未吃饱,则应补喂一些干草和适量精料。

育成牛在管理上首先应与大母牛分开饲养,可以系留饲养,也可围栏圈养。每天刷拭1~2次,每次5分钟。同时要加强运动,促进肌肉组织和内脏器官,尤其是心、肺等呼吸和循环系统的发育,使其具备高产母牛的特征。配种受胎5~6个月后,母牛乳房组织处于高度发育阶段,为促进其乳房的发育,除给予良好的全价饲料外,还要采取按摩乳房的方法,以利于乳腺组织的发育,且能养成母牛温顺的性格。一般早晚各按摩一次,产前1~2个月停止按摩。

(二)育成公牛的饲养管理

公、母犊牛在饲养管理上几乎相同,但进入育成期后,二者在饲养管理上则有所不同,必须按不同年龄和发育特点予以区别对待。

育成公牛的生长比育成母牛快,因而需要的营养物质较多,特别需要以补饲精料的形式提供营养,以促进其生长发育和性欲的发展。对育成公牛的饲养,应在满足一定量精料供应的基础上,令其自由采食优质的精、粗饲料。6~12月龄,粗饲料以青草为主时,精、粗饲料占饲料干物质的比例为55:45;以干草为主时,其比例为60:40。在饲喂豆科或禾本科优质牧草的情况下,对于周岁以上育成公牛,混合精料中粗蛋白质的含量以12%左右为宜。

在管理上,育成公牛应与大母牛隔离,且与育成母牛分群饲养。留种公牛6月龄始带笼头,拴系饲养。为便于管理,达8~

10月龄时就应进行穿鼻带环,用皮带拴系好,沿公牛额部固定在角基部,鼻环以不锈钢的为最好。牵引时,应坚持左右侧双绳牵导。对烈性公牛,需用勾棒牵引,由一个人牵住缰绳的同时,另一人两手握住勾棒,勾搭在鼻环上以控制其行动。肉用商品公牛运动量不易过大。以免因体力消耗太大影响育肥效果。对种用公牛的管理,必须坚持运动,上午、下午各进行一次,每次1.5~2.0小时,行走距离4千米,运动方式有旋转架、套爬犁或拉车等。实践证明,运动不足或长期拴系,会使公牛性情变坏,精液质量下降,易患肢蹄病和消化道疾病等。但运动过度或使役过劳,牛的健康和精液质量同样有不良影响。每天刷拭两次,每次刷拭10分钟,经常刷拭不单有利于牛体卫生,还有利于人牛亲和,且能达到调教驯服的目的。此外,洗浴和修蹄也是管理育成公牛的重要操作项目。

六、母牛的饲养管理

人们饲养肉用种母牛,期望母牛的受胎率高,泌乳性能高,哺育犊牛的能力强,产犊后返情早;期望产生的犊牛质量好,初生重、断奶重大,断奶成活率高。

(一)妊娠母牛的饲养管理

母牛妊娠后,不仅自身生长发育需要营养,而且还要满足胎儿生长发育的营养需要和为产后泌乳进行营养蓄积。因此,要加强妊娠母牛的饲养管理,使其能够正常的产犊和哺乳。

1. 加强妊娠母牛的饲养

母牛在妊娠初期,由于胎儿生长发育较慢,其营养需求较少,为此,对妊娠初期的母牛不再另行考虑,一般按空怀母牛进行饲养。母牛妊娠到中后期应加强营养,尤其是妊娠最后的2~3个月,加强营养显得特别重要,这期间的母牛营养直接影响着胎儿生长和自身营养蓄积。如果此期营养缺乏,容易造成犊牛初生重低,母牛体弱和奶量不足。严重缺乏营养,会造成母牛流产。

舍饲妊娠母牛，要依妊娠月份的增加调整日粮配方，增加营养物质给量。对于放牧饲养的妊娠母牛，多采取选择优质草场，延长放牧时间，牧后补饲饲料等方法加强母牛营养，以满足其营养需求。在生产实践中，多对妊娠后期母牛每天补喂 1~2 千克精饲料。同时，又要注意防止妊娠母牛过肥，尤其是头胎青年母牛，更应防止过度饲养，以免发生难产。在正常的饲养条件下，使妊娠母牛保持中等膘情即可。

2. 做好妊娠母牛的保胎工作

在母牛妊娠期间，应注意防止流产、早产，这一点对放牧饲养的牛群显得更为重要，实践中应注意以下几个方面：

（1）将妊娠后期的母牛同其他牛群分别组群，单独放牧在附近的草场。

（2）为防止母牛之间互相挤撞，放牧时不要鞭打驱赶以防惊群。

（3）雨天不要放牧和进行驱赶运动，防止滑倒。

（4）不要在有露水的草场上放牧，也不要让牛采食大量易产气的幼嫩豆科牧草，不采食霉变饲料，不饮带冰碴水。

对舍饲妊娠母牛应每日运动 2 小时左右，以免过肥或运动不足。要注意对临产母牛的观察，及时做好分娩助产的准备工作。

（二）哺乳母牛的饲养管理

哺乳母牛就是产犊后用其乳汁哺育犊牛的母牛。加强哺乳母牛的饲养管理，具有十分重要的现实意义。

1. 舍饲哺乳母牛的饲养管理

母牛产犊 10 天内，尚处于体恢复阶段，要限制精饲料及根茎类饲料的喂量，此期若饲养过于丰富，特别是精饲料给量过多，母牛食欲不好、消化失调，易加重乳房水肿或发炎，有时因钙、磷代谢失调而发生乳热症等，这种情况在高产母牛身上极易出现。因此，对于产犊后体况过肥或过瘦的母牛必须进行适度饲养。对体弱母牛，产后 3 天内只喂优质干草，4 天后可喂给适量的精饲料和多汁饲料,并根据乳房及消化系统的恢复状况,逐渐增加给料量,但每天增加精料量不得超过 1 千克,当乳水肿完全消失时,饲料可增至正常。若母牛产后乳房没有水肿,体质健康、粪便正常,在产犊后的第一天就可饲喂多汁料和精料,到 6~7 天即可增至正常喂量。

头胎母牛产后饲养不当易出现酮病—血糖降低、血和尿中酮体增加。表现食欲不佳、产奶量下降和出现神经症状。其原因是饲料中富含碳水化合物的精料喂量不足,而蛋白质给量过高所致。实践中应给予高度的重视。

在饲养肉用哺乳母牛时,应正确安排饲喂次数。研究表明:两次饲喂日粮营养物质的消化率比 3 次和 4 次饲喂低 3.4%,但却减少了劳动消耗。一般以日喂 3 次为宜。

2. 哺乳母牛的放牧管理

夏季应以放牧管理为主。放牧期间的充足运动和阳光浴及牧草中所含的丰富营养,可促进牛体的新陈代谢,改善繁殖机能,提高泌乳量,增强母牛和犊牛的健康。放牧饲养前应做好以下几项准备工作。

(1) 放牧场设备的准备 在放牧季节到来之前,要检修房舍、棚圈及篱笆;确定水源和饮水后临时休息点;整修道路。

(2) 牛群的准备 包括修蹄;去角;驱除体内外寄虫;检查牛号;母牛的称重及组群等。

(3) 从舍饲到放牧的过渡 母牛从舍饲到放牧管理要逐步进行,一般需 7~8 天的过渡期。当母牛被赶到草地放牧前,要用粗饲料、半干贮及青贮饲料预饲,日粮中要有足量的纤维素以维持正常的瘤胃消化。若冬季日粮中多汁饲料很少,过渡期应 10~14 天。时间上由开始时的每天放牧 2~3 小时,逐渐过渡到末尾的每天 12 小时。

在过渡期,为了预防青草抽搐症,春季当牛群由舍饲转为放牧时,开始一周不宜吃得过多,放牧时间不宜过长,每天至少补充 2 千克干草；并应注意不宜在牧场施用过多钾肥和氨肥，而应在易发本病的地方增施硫酸镁。

由于牧草中含钾多钠少，因此要特别注意食盐的补给，以维持牛体内的钠钾平衡。补盐方法：可配合在母牛的精料中喂给，也可在母牛饮水的地方设置盐槽，供其自由舔食。

七、肉牛肥育技术

（一）肉牛肥育方式

肉牛肥育方式一般可分为放牧肥育、半舍饲半放牧肥育和舍饲肥育等 3 种。

1. 放牧肥育方式

放牧肥育是指从犊牛到出栏牛，完全采用草地放牧而不补充任何饲料的肥育方式，也称草地畜牧业。这种肥育方式适于人口较少、土地充足、草地广阔、降雨量充沛、牧草丰盛的牧区和部分半农半牧区。这种方式也可称为放牧育肥，且最为经济，但饲养周期长。

2. 半舍饲半放牧肥育方式

夏季青草期牛群采取放牧肥育，寒冷干旱的枯草期把牛群于舍内圈养，这种半集约式的育肥方式称为半舍饲肥育。

此法通常适用于热带地区，因为当地夏季牧草丰盛，可以满足肉牛生长发育的需要，而冬季低温少雨，牧草生长不良或不能生长。

中国东北地区，也可采用这种方式。但由于牧草不如热带丰盛，故夏季一般采用白天放牧，晚间舍饲，并补充一定精料，冬季则全天舍饲。

此法的优点是：可利用最廉价的草地放牧，犊牛断奶后可以低营养过冬，第二年在青草期放牧能获得较理想的补偿增长。在屠宰前有 3~4 个月的舍饲肥育，胴体优良。

3. 舍饲肥育方式

肉牛从出生到屠宰全部实行圈养的肥育方式称为舍饲肥育。

舍饲的突出优点是使用土地少，饲养周期短，牛肉质量好，经济效益高。缺点是投资多，需较多的精料。适用于人口多，土地少，经济较发达的地区。

（二）肉牛肥育技术

1. 犊牛肥育

犊牛肥育又称小肥牛肥育，是指犊牛出生后5个月内，在特殊饲养条件下，育肥至90～150千克时屠宰，生产出风味独特、肉质鲜嫩、多汁的高档犊牛肉。犊牛肥育以全乳或代乳品为饲料，在缺铁条件下饲养，肉色很淡，故又称"白牛"生产。

（1）犊牛的选择

①品种：一般利用奶牛业中不作种用公犊进行犊牛育肥。在我国，多数地区以黑白花奶牛公犊为主，主要原因是黑白花奶牛公犊前期生长快、育肥成本低，且便于组织生产。

②性别、年龄与体重：一般选择初生重不低于35千克、无缺损、健康状况良好的初生公牛犊。

③体形外貌：选择头方大、前管围粗壮、蹄大的犊牛。

（2）饲养管理技术

①饲料：由于犊牛吃了草料后肉色会变暗，不受消费者欢迎，为此犊牛肥育不能直接饲喂精料、粗料，应以全乳或代乳品为饲料。

以代乳品为饲料的参考配方如下：

丹麦配方：脱脂乳60%～70%；猪油15%～20%；乳清15%～20%；玉米粉1%～10%；矿物质、微量元素2%。

日本配方：脱脂奶粉60%～70%；鱼粉5%～10%；豆饼5%～10%；油脂5%～10%。

②饲喂：犊牛的饲喂应实行计划采食。以代乳品为饲料的饲喂计划见表6-3。

表6-3 代乳品饲喂量

周龄	代乳品（克）	水（千克）	代乳品/水
1	300	3	100
2	660	6	110
8	1 800	12	145
12~14	3 000	16	200

1~2周代乳品温度为38℃左右；以后为30~35℃。

饲喂全乳，也要加喂油脂。为更好地消化脂肪，可将牛乳均质化，使脂肪球变小，如能喂当地的黄牛乳、水牛乳，效果会更好。

饲喂应用奶嘴，日喂2~3次，日喂量最初3~4千克，以后逐渐增加到8~10千克，4周龄后喂到吃多少吃多少。

③管理：严格控制饲料和水中铁的含量，强迫牛在缺铁条件下生长；控制牛与泥土、草料的接触，牛栏地板尽量采用漏粪地板，如果是水泥地面应加垫料，垫料要用锯末，不要用秸秆、稻草，以防采食；饮水充足，定时定量；有条件的，犊牛应单独饲养，如果几个犊牛圈养，应带笼嘴，以防吸吮耳朵或其他部位；舍温要保持在20℃以下，14℃以上，通风良好；要吃足初乳，最初几天还要在每千克代乳品中添加40毫克/千克抗生素和维生素A、维生素D、维生素E，2~3周要经常检查体温和采食量，以防发病。

④屠宰月龄与体重：犊牛饲喂到1.5~2月龄，体重达到90千克时即可屠宰。如果犊牛增长率很好，进一步饲喂到3~4个月龄，体重170千克时屠宰，也可获得较好效果。但屠宰月龄超过5月龄以后，单靠牛乳或代乳品增长率就差了，且年龄越大，牛肉越显红色，肉质较差。

2. 青年牛肥育

青年牛肥育主要是利用幼龄牛生长快的特点，在犊牛奶后直接转入肥育阶段,给以高水平营养,进行直线持续强度育肥,13～24 月龄前出栏,出栏体重达到 360～550 千克以上。这类牛肉鲜嫩多汁、脂肪少、适口性好,是上档牛肉。

(1) 舍饲强度肥育

青年牛的舍饲强度肥育一般分为适应期、增肉期和催肥期 3 个阶段:

①适应期:刚进舍的断乳犊牛,不适应环境,一般要有一个月左右的适应期。应让其自由活动,充分饮水,饲喂少量优质青草或干草,麸皮每日每头 0.5 千克,以后逐步加麸皮喂量。当犊牛能进食麸皮 1～2 千克,逐步换成育肥料。其参考配方如下:酒糟 5～10 千克,干草 15～20 千克,麸皮 1～1.5 千克,食盐 30～35 克。

②增肉期:一般 7～8 个月,分为前后两期。前期日粮参考配方为,酒糟 10～20 千克,干草 5～10 千克,麸皮、玉米粗粉、饼类各 0.5～1 千克,尿素 50～70 克,食盐 40～50 克。喂尿素时将其溶解在水中,与酒糟或精料混合饲喂。切忌放在水中让牛饮用,以免中毒。后期参考配方为:酒糟 20～25 千克,干草 2.5～5 千克,麸皮 0.5～1 千克,玉米粗粉 2～3 千克,饼类 1～1.3 千克,尿素 125 克,食盐 50～60 克。

③催肥期:此期主要是促进牛体膘肉丰满,沉积脂肪,一般为两个月。日粮参考配方如下:酒糟 20～30 千克,干草 1.5～2 千克,麸皮 1～1.5 千克,玉米粗粉 3～3.5 千克,饼类 1.25～1.5 千克,尿素 150～170 克,食盐 70～80 克。为提高催肥效果,可使用瘤胃素,每日 200 毫克,混于精料中饲喂,体重可增加 10%～20%。

肉牛舍饲强度育肥要掌握短缰拴系(缰绳长 0.5 米)、先粗后精,最后饮水,定时定量饲喂的原则。每日饲喂 2～3 次,饮水 2～3 次。喂精料时应先取酒糟用水拌湿,或干、湿酒糟各半混均,再加麸皮、玉米粗粉和食盐等。牛吃到最后时加入少量玉米粗粉,使牛把料吃净。饮水在给料后1小时左右进行,要给15~25℃的清洁温水。

(2)放牧补饲强度肥育

是指犊牛断奶后进行越冬舍饲,到第二年春季结合放牧适当补饲精料。这种育肥方式精料用量少,每增重1千克约消耗精料2千克。但日增重较低,平均日增重在1千克以内。15个月龄体重为300~350千克,8个月龄体重为400~450千克。

放牧补饲强度肥育饲养成本低,肥育效果较好,适合于半农半牧区。

进行放牧补饲强度肥育,应注意不要在出牧前或收牧后,立即补料,应在回舍后数小时补饲,否则会减少放牧时牛的采时量。当天气炎热时,应早出晚归,中午多休息,必要时夜牧。当补饲时,如粗料以秸秆为主,其精料参考配方如下:1~5月份,玉米面60%,油渣30%,麦麸10%。6~9月份,玉米面70%,油渣20%,麦麸10%。

(3)粗饲料为主的育肥法

①以青贮玉米为主的育肥法:青贮玉米是高能量饲料,蛋白质含量较低,一般不超过2%。以青贮玉米为主要成分的日粮,要获得高日增重,要求搭配1.5千克以上的混合精料。其参考配方,见表6-4。

表6-4 体重300~350千克肥育牛参考配方(单位:千克)

饲料	第一阶段	第二阶段	第三阶段
青贮玉米	30	30	25
干草	5	5	5
混合	0.5	1.0	2.0
食盐	0.03	0.03	0.03
无机盐	0.04	0.04	0.04

注:肥育期为90天,每阶段各30天。

以青贮玉米为主的肥育法，增重的高低与干草的质量、混合精料中豆粕的含量有关。如果干草是苜蓿、沙打旺、红豆草、串叶松香草或优质禾本科牧草，精料中豆粕含量占一半以上，则日增重可达 1.2 千克以上。

②干草为主的肥育法：在盛产干草的地区，秋冬季能够贮存大量优质干草，可采用干草肥育。具体方法是，优势干草随意采食，日加 1.5 千克精料。干草的质量对增重效果起关键性作用，大量的生产实践证明，豆科和禾本科混合干草饲喂效果较好，而且还可节约精料。

3. 架子牛快速肥育

也称后期集中肥育，是指犊牛断奶后，在较粗放的饲养条件饲养到 2~3 周岁，体重达到 300 千克以上时，采用强度肥育方式，集中肥育 3~4 个月，充分利用牛的补偿生长能力，达到理想体重和膘情后屠宰。这种肥育方式成本低，精料用量少，经济效益较高，应用较广。

架子牛的肥育要注意以下几个环节：

（1）购牛前的准备　购牛前 1 周，应将牛舍粪便清除，用水清洗后，用 2% 的火碱溶液对牛舍地面、墙壁进行喷洒消毒，用 0.1% 的高锰酸钾溶液对器具进行消毒，最后再用清水清洗一次。如果是敞圈牛舍，冬季应扣塑膜暖棚，夏季应搭棚遮阴，通风良好，使其温度不低于 5℃。

（2）架子牛的选购　架子牛的优劣直接决定着肥育效果与效益。应选夏洛来、西门塔尔等国际优良品种与本地黄牛的杂交后代，年龄在 1~3 岁，体型大、皮松软，膘情较好，体重在 300 千克以上，健康无病。

（3）驱虫　架子牛入栏后应立即进行驱虫。常用的驱虫药物有阿弗米丁、丙硫苯咪唑、敌百虫、左旋咪唑等。应在空腹时进行，以利于药物吸收。驱虫后，架子应隔离饲养 2 周，其粪便消毒后，进行无害化处理。

(4) 健胃 驱虫3日后,为增加食欲,改善消化机能,应进行一次健胃。常用于健胃的药物是人工盐,其口服剂量为每头每次60~100克。

(5) 饲养管理 肥育架子牛应采用短缰拴系,限制活动。缰绳长0.4~0.5米为宜,使牛不便趴卧,俗称"养牛站"。饲喂要定时定量,先粗后精,少给勤添。刚入舍的牛因对新的饲料不适应,头一周应以干草为主,适当搭配青贮饲料,少给或不给精料。肥育前期,每日饲喂2次,饮水3次;后期日饲喂3~4次,饮水4次。每天上午、下午各刷拭一次。经常观察粪便,如粪便无光泽,说明精料少,如便稀或有料粒,则精料太多或消化不良。

(6) 日粮配方 在中国架子牛肥育的日粮以青粗饲料或酒糟、甜菜渣等加工副产物为主,适当补饲精料。精粗饲料比例按干物质计算为1:(1.2~1.5),日干物质采食量为体重的2.5%~3%。其参考配方,见表6-5。

表6-5 日粮配方表

出生日龄	干草或青贮玉米秸(千克)	酒糟(千克)	玉米粗粉(千克)	饼类(千克)	盐(克)
1~15天	6~8	5~6	1.5	0.5	50
16~30天	4	12~15	1.5	0.5	50
31~60天	4	16~18	1.5	0.5	50
61~100天	4	18~20	1.5	0.5	50

八、肉牛常见病防治技术

肉牛在生长过程中,可能传染上各种各样的疾病,常见的有以下几种疾病。

(一) 肉牛支气管肺炎

肉牛支气管肺炎的症状:早晚咳嗽明显,流清涕,呼吸困难,体温高达40℃。

肉牛支气管肺炎的防治方法：加强防寒保暖，精心饲养管理。药用青霉素300万～600万单位，链霉素150万～200万单位，安基比林20～30毫升肌注；紫苏、荆芥、前胡、防风、桔梗、黄柏、麻黄、生姜各30克，党参、黄芪各40克，甘草20克，水煎取汁内服，连用2～3剂。

（二）肉牛低温病

肉牛低温症的症状：因受寒潮侵袭所致。患牛神差食减，起卧困难，耳、鼻甚至全身冰凉，体温36℃以下，常衰竭而死。

肉牛低温症的防治：供给优质、易消化的饲料，加强防寒保暖，同时静脉注射5%～20%的葡萄糖液1 500～2 000毫升，肌肉注射10%樟脑磺酸10～20毫升，并配合中药熟附子60克，干姜、炙甘草各40克，研末，开水冲，待温一次内服，连用2～3天。

（三）肉牛百叶干病

肉牛百叶干的症状：患牛精神委靡，鼻镜干燥龟裂，粪便如粟，腹痛，反刍停止。

肉牛百叶干的防治：加强饲养管理，搭配喂青料，供足饮水，加强运动。药用硫酸钠500克，对水500毫升，一次内服；或用白糖、蜂蜜250克，对水500毫升，一次内服，同时向瓣胃内注入30%硫酸钠溶液400毫升。

（四）肉牛风湿病的防治方法

肉牛风湿病的症状：患牛后躯板直，起卧困难，食减。

肉牛风湿病的防治：治疗可用热敷法，取黑豆15千克，醋0.5千克，面袋1条，将豆炒热加醋拌匀，趁热装入面袋平搭于患牛腰上热敷1小时，日敷2次，连敷3天。同时内服茴香散，效果更好。

（五）肉牛急性瘤胃臌气病的防治方法

肉牛急性瘤胃臌气病的症状：因采食过多白菜叶、番苕藤而急剧发酵产气所致。患牛肷部膨大，叩诊如鼓音。

肉牛急性瘤胃臌气病的治疗：用大蒜头10个捣烂，加醋500毫升，内服；香油250~500毫升，烟丝50克，大蒜7个捣烂混合内服；0.4%石灰水2 000毫升1次内服。

（六）肉牛患牛流感病的防治方法

肉牛患牛流感病的症状：患牛发烧，咳嗽，流涕，流泪，鼻镜干燥，四肢不稳，跛行。

肉牛患牛流感病的治疗方法：用百尔定20~40毫升，青霉素200万~400万单位肌注；柴胡、黄芩、知母、桔梗、葛根、薄荷、菊花、生地、苏根、玄参各40克，双花、连翘、丹皮、甘草各30克，水煎服。

第二节 肉羊养殖技术

肉羊具有性成熟早、四季发情、产羔频率高，每胎产两只羔羊以上等生理特点。因此肉羊的饲养期短、周转快，可充分利用季节性饲草资源，达到当年羔年、当年育肥、当年屠宰、当年受益。而且肉羊生产的圈舍投资少，饲养成本低，经济效益好，适合广大养殖户饲养的草食性家畜。

一、肉羊的主要品种

（一）引入中国的主要肉羊品种

1. 波尔山羊

原产于南非亚热带地区，1995年引进中国。波尔山羊毛色为白色，头颈为红褐色，颈部存有一条红色毛带。波尔山羊耳宽下垂，被毛短而稀。头部粗壮，眼大、棕色；口颚结构良好；额部突出，曲线与鼻和角的弯曲相应，鼻呈鹰钩状；角坚实，长度中等，公羊角基粗大，向后、向外弯曲，母羊角细而直立；有髯；耳长而大，宽阔下垂。该羊具有体型大、成熟早、生长速度快、耐粗饲，适应性强，繁殖率高、产肉多、肉质鲜嫩和抗病力强的特点。成年公羊95~105千克，母羊65~75千克。3~5月龄体重 19～36.5 千克，9 月龄体重 50～75 千克，屠宰率 52.4%，胴体品质好。春秋两季发情明显，产羔 150%～190%，平均每胎产羔 2.25 只以上，繁殖成活率 123%～184%。

2. 无角陶赛特

原产于大洋洲的澳大利亚和新西兰。1984 年引进中国。无角陶赛特羊体质结实，头短而宽，光脸，羊毛覆盖至两眼连线，耳中等大，公、母羊均无角，颈短、粗，胸宽深，背腰平直，后躯丰满，四肢粗、短，整个躯体呈圆桶状，面部、四肢及被毛为白色。该羊生长发育快，早熟，全年发情配种产羔。该品种成年公羊体重 90～110 千克，成年母羊为 65～75 千克，剪毛量 2～3 千克，净毛率 60%左右，毛长 7.5～10 厘米，羊毛细度 56～58 支。产羔率 137%～175%。经过肥育的 4 月龄羔羊的胴体重，公羔为 22 千克，母羔为 19.7 千克。

3. 萨福克羊

原产英国东部和南部丘陵地，1978 年引进中国。萨福克羊无角。头、耳较长，颈粗长，胸宽，背腰和臀部长宽平，肌肉丰富。体躯被毛白色，脸和四肢黑色或深棕色，并覆盖刺毛。体格大，颈长而粗，胸宽而深，背腰平直，后躯发育丰满，呈桶形，公母羊均无角。四肢粗壮。早熟，生长快，肉质好，繁殖率很高，适应性很强。成年公羊体重 120～140 千克，母羊 70～90 千克，羔羊出生重 4.5～6.0 千克，断乳前日平均增重 330～400 克，4 月龄体重 47.5 千克，屠宰率 55%～60%。胴体中脂肪含量低，肉质细嫩，肌肉横断面呈大理石花纹。周岁母羊开始配种，可全年发情配种，产羔率 130%～170%。公、母羊剪毛量分别为 5～6 千克和 2.5～3 千克，毛长 8～9 厘米，细度 50～58 支，净毛率 80%。该品种早熟，生长发育快，产肉性能好，母羊母性好，产羔率中等，在世界各国肉羊生产体系中多被用作经济杂交的终端父本，生产肥羔。

4. 杜泊羊

产于南非,杜泊绵羊头颈为黑色,体躯和四肢为白色,头顶部平直、长度适中,额宽,鼻梁隆起,耳大稍垂,既不短也不过宽。颈粗短,肩宽厚,背平直,肋骨拱圆,前胸丰满,后躯肌肉发达。四肢强健而长度适中,肢势端正。经济早熟是杜泊羊的最大优点。中等以上营养条件下,羔羊初生重 4~5.5 千克,断奶重 34~45 千克,哺乳期平均日增重 350~450 克;周岁公羊体重 80~85 千克,母羊 60~62 千克,成年公羊体重 100~120 千克,母羊 85~90 千克。杜泊羊以产肥羔肉特别见长,胴体肉质细嫩、多汁、色鲜、瘦肉率高,在国际上被誉为"钻石级肉"。4 月龄屠宰率 51%,净肉率 45% 左右,肉骨比 9.1:1,料重比 1.8:1。公羊 5~6 月龄性成熟,母羊 5 月龄性成熟;公、母羊分别为 12~14 月龄和 8~10 月龄体成熟;情期受胎率大群初产母羊 58%,经产母羊 66%,两个情期受胎率可达 98.4%;妊娠期平均 148.6 天,产羔率平均 177%,杜泊羊为常年发情,该品种具有很好的保姆性与泌乳力。

5. 夏洛莱羊

产于法国中部的夏洛莱地区,夏洛莱被毛为白色。公、母羊均无角,整个头部往往无毛,脸部皮肤呈粉红色或灰色,有的带有黑色斑点,两耳灵活会动,性情活泼。额宽、眼眶距离大,耳大、颈短粗、肩宽平、胸宽而深,肋部拱圆,背部肌肉发达,体躯呈圆桶状,后躯宽大。两后肢距离大,肌肉发达,呈"U"字形,四肢较短,四肢下部为深浅不同的棕褐色。夏洛莱羔羊生长速度快,平均日增重为 300 克。4 月龄育肥羔羊体重为 35~45 千克,6 月龄公羔体重为 48~53 千克,母羔 38~43 千克,周岁公羊体重为 70~90 千克,周岁母羊体重为 50~70 千克。成年公羊体重 110~140 千克,成年母羊体重 80~100 千克。夏洛莱羊 4~6 月龄羔羊的胴体重为 20~23 千克,屠宰率为 50%,胴体品质好,瘦肉率高,脂肪少。夏洛莱羊属季节性自然发情,发情时间集中在 9~10 月，平均受胎率为 95%，妊娠期 144~148 天。初产羔率 135%，3~5 胎产可达 190%。

(二) 中国的主要肉羊品种

1. 南江黄羊

产于四川省南江县。具有体格大，生长发育快，四季发情，繁殖力强，泌乳力好，抗病力强，采食性好，耐粗放，适应力强，皮板品质好的特点。成年公羊体重 57.3~58.5 千克，母羊 38.25~45.1 千克。10 月龄平均体重 27.53 千克，是屠宰的最佳时间。性成熟早，3 月龄有初情。公羊 12~18 月龄配种，母羊 6~8 月龄配种。平均产羔率 194.62%，经产母羊产羔率为 205.2%。

2. 槐山羊

中心产区在河南周口地区。体型中等，分为有角和无角两种类型。公母羊均有髯，身体结构匀称，呈圆筒形。毛色以白色为主，占 90% 左右，黑、青、花色共占 10% 左右。有角型槐山羊具有颈短、腿短、身腰短的特征；无角型槐山羊则有颈长、腿长、身腰长的特点。成年公羊体重 35 千克，母羊 26 千克。羔羊生长发育快，9 月龄体重占成年体重的 90%。7~10 月龄羯羊平均宰前活重 21.93 千克，胴体重 10.92 千克，净肉重 8.89 千克，屠宰率 49.8%，净肉率 40.5%。槐山羊是发展山羊肥羔生产的好品种。槐皮的皮形为蛤蟆状。晚秋初冬的皮为"中毛白"，质量最好。板皮肉面为浅黄色和棕黄色，油润光亮，有黑豆花纹，俗称"蜡黄板"或"豆茬板"。板质致密，毛孔细小而均匀，分层薄而不破碎，折叠无白痕，拉力强而柔软，韧性大而弹力高，是制作"锦羊革"和"苯胺革"的上等原料。槐山羊繁殖性能强，性成熟早，母羊为 3 个多月，一般 6 月龄可配种，全年发情。母羊一年两产或两年三产，每胎多羔，产羔率平均 249%。

3. 小尾寒羊

原产地河南新乡、开封地区，山东菏泽、济宁地区，以及河北南部、江苏北部和淮北等地。小尾寒羊四肢较长，体躯高大，前后躯都较发达。脂尾短，一般都在飞节以上。公羊有角，呈螺旋状，母羊半数有角，角小。头颈较，鼻梁稍隆起，耳大下垂。被毛为白色，少数在头部及四肢有黑褐色斑点、斑块。成年公、母羊平均体重分别为94.1千克和48.7千克。3月龄公羔断奶体重达26千克，胴体重13.6千克，净肉重10.4千克；3月龄母羊羔断奶体重达24千克，胴体重12.5千克，净肉重9.6千克。6月龄公羊体重可达46千克，胴体重23.6千克，净肉重18.4千克；6月龄母羊体重可达42千克，胴体重21.9千克，净肉重16.8千克。周岁育肥羊屠宰率55.6%，净肉率45.89%。小尾寒羊性成熟早，母羊5~6月龄发情，公羊7~8月龄可配种。母羊全年发情，可一年两产或两年三产，产羔率平均261%。

4. 太行黑山羊

主要分布于河南省西北部的太行山东部边缘各县，其中修武、博爱、辉县、沁阳、淇县、卫辉和林州较多。太行黑山羊体质结实，头大小适中，耳小前伸，公、母羊均有髯，绝大部分有角。角型主要有两种：一种直立扭转向上，另一种呈倒"八"字形向后，向两侧分开。颈短粗，胸深宽，背腰平直，后躯比前躯高，四肢强健，蹄质坚实。太行黑山羊尾短小上翘。初生重公羔1.9千克，母羔1.8千克，断奶重公13.1千克，母12.4千克；周岁公羊平均为22.5千克，母羊22.0千克；成年公羊平均为36.7千克，成年母羊32.8千克。产羔率平均为143.0%。太行黑山羊对饲养环境有较强的适应性，肉质嫩、膻味小、脂肪分布均匀，牧养、圈养均可。

二、肉羊的饲养管理技术

(一) 种公羊的饲养管理

种公羊的好坏对整个羊群的生产性能和品质高低起决定性作用。要想使种公羊常年保持良好的种用体况，即四肢健壮，体质结实，膘情适中，精力充沛，性欲旺盛和有良好的精液品质，就必须加强种公羊的科学化饲养管理。圈舍通风，干燥向阳。饲料营养价值高，有足量优质蛋白质、维生素 A、维生素 D 和矿物质。理想的粗饲料，鲜干草类有苜蓿草、三叶草和青燕麦草等；精料有燕麦、大麦、豌豆、黑豆、玉米、高粱、豆饼、麦麸等；多汁饲料有胡萝卜、甜菜和玉米青贮等。种公羊的饲养管理可分为非配种期和配种期。

1. 非配种期

在非配种期，春、夏季节以放牧为主，每日补给混合精料 500 克，分 3~4 次饲喂；在冬季除放牧外，一般每日需补混合精料 500 克，干草 3 千克，胡萝卜 0.5 千克，食盐 5~10 克，骨粉 5 克。

2. 配种期

种公羊在配种前的一个半月开始饲喂配种期的标准日粮，开始时按标准喂量的 60%~70% 逐渐加喂，直至全部变为配种期日粮。饲喂量为：混合精料 1.0~1.5 千克，胡萝卜、青贮料或其他多汁饲料 1~5 千克，优质青干草足量，动物性蛋白饲料鱼粉、牛奶、鸡蛋等适量，骨肉粉每只羊每天喂 50~60 克。混合精料组成为：谷物饲料占 50%，能量饲料以玉米为主，最好包括 2~3 种，如燕麦、大麦、黍米等；豆类和豆饼占 40%，麸皮占 10%。精料每天分两次饲喂。补饲干草时要用草架饲喂，精料和多汁料应放在料槽里饲喂。对于配种任务繁重的优秀种公羊，每天应补饲 1.5~2.0 千克的混合精料，并在日粮中增加部分动物性蛋白质饲料（如蚕蛹粉、鱼粉、血粉、肉骨粉、鸡蛋等），以保持其良好的精液品质。

配种期种公羊的饲养管理要做到认真、细致。要经常观察羊的采食、饮水、运动及粪、尿排泄情况。保持饲料、饮水的清洁卫生。为确保公羊的精液品质、提高精子的活力，除了保证供给营养外，还应加强公羊的运动，每日放牧或运动时间约 6 小时。种公羊要单独放牧、圈养，不与母羊混群。放牧时应防止树桩划伤阴囊。单栏圈养面积要求1~1.2平方米，适龄配种。青年公羊在4~6月龄性成熟，6~8月龄体成熟，方宜配种或采精。每天配种1~2次为宜，旺季可日配种3~4次，但要注意连配2天后休息1天；保证运动量。对1.5岁左右的种公羊每天采精1~2次为宜，不要连续采精；成年公羊每天可采精3~4次，有时可达5~6次，每次采精应有1~2小时的间隔时间。采精较频繁时，也应保证种公羊每周有1~2次休息时间，以免因过度消耗养分和体力而造成体况明显下降。

(二) 母羊的饲养管理

母羊是羊群发展的基础。为保证母羊正常发情、受胎，实现多胎、多产，羔羊全活、全壮，母羊的饲养不仅要从群体营养状况来合理调整日粮，对少数体况较差的母羊，还应单独组群饲养。体况好的母羊，在空怀期，只给一般质量的青干草，保持体况，钙的摄食量应当限制，不宜采食钙含量过高的饲料，以免诱发产褥热。如以青贮玉米作为基础日粮，则60千克体重的母羊给以3~4千克青贮玉米，采食过多会造成母羊过肥。妊娠前期可在空怀的基础上增加少量精料，每只每天的精料喂量为0.4千克；妊娠后期至泌乳期每天每只的精料喂量约为0.6千克，精料中的蛋白质水平一般为15%~18%。母羊的饲养在一年中依据其生理特点和生产期的不同而分为空怀期、妊娠期和哺乳期3个阶段。

1. 空怀期的饲养管理

在配种前1~1.5个月，应对母羊加强饲养，为妊娠期贮备足够的营养，但也不可使母羊过肥，导致受胎率下降。对空怀期母羊要给予优质的青草或青贮草。在配种前10~15天进行短期优饲，日补饲精料0.2千克及适量的胡萝卜素或维生素，力争满膘配种。使羊群膘情一致、发情整齐、产羔集中，多羔顺产，这样有利于母仔管理。

2. 妊娠期的饲养管理

母羊怀孕初一个月左右,受精卵在定植未形成胎盘之前,很容易受外界饲喂条件的影响,喂给母羊变质、发霉或有毒的饲料,容易引起胚胎早期死亡;母羊的日粮营养不全面,缺乏蛋白质、维生素和矿物质等,也可能引起受精卵中途停止发育,所以,母羊怀孕初一个月左右的饲养管理是保证胎儿正常生长发育的关键时期。此时胎儿尚小,母羊所需的营养物质虽要求不高,但必须相对全面,在放牧和圈养的饲养条件下,一般来说母羊采食幼嫩牧草能达到饱腹即可满足其营养需要,但在秋后、冬季和早春,牧地草质枯萎粗老,多数养殖户以晒干草和农作物秸秆等粗料补喂母羊的放牧不足,由于母羊采食饲草中营养物质的局限性,即使母羊放牧和补喂采食能达到饱腹也不能满足其营养需要,养殖户则应根据母羊的营养状况适当地补喂精料。

母羊怀孕2个月后,随着怀孕月份的增加,胎儿发育逐渐加快,应逐渐增加补喂精料的饲喂量。可用黄豆40%、玉米30%、大麦20%、小麦10%,用温水浸泡6~8小时,磨成浆,再加相当于黄豆等饲料总量10%~15%的豆饼、5%~8%的糠麸、1%的食盐,每天给孕羊补喂2~3次,每次每只羊喂给混合精料50~100克,青年母羊还应适当地增加精料喂量。

母羊怀孕3个月后,孕羊饲喂饲草的总量要适当地加以控制,给羊补喂饲草和添加精料应做到少喂勤添,以防一次性喂量过多压迫胎儿而影响正常生长发育。

母羊怀孕4个月以后,胎儿体重已达到了羔羊出生时体重的60%~70%,同时,母羊还要积贮一定量的营养物质以备产后哺乳。一般在此阶段进行攻胎补料,精料的饲喂量应增加到怀孕前期的两倍左右,而饲喂的饲草和补喂的精料要力求新鲜、多样化,幼嫩的牧草、胡萝卜等青绿多汁饲料可多喂。禁止喂给马铃薯、酒糟和未经去毒处理的棉籽饼或菜籽饼,并禁喂霉烂变质、过冷或过热、酸性过重或掺有麦角、毒草的饲料,以免引起母羊流产、难产和发生产后疾病。

母羊产前1个月左右，应适当控制粗料的饲喂量，尽可能喂些质地柔软的饲料，如微贮或盐化秸秆、青绿多汁饲料，精料中增加麸皮喂量，以利通肠利便。母羊分娩前10天左右，应根据母羊的消化、食欲状况，减少饲料的喂量。

产前2~3天，母羊体质好，乳房膨大并伴有腹下水肿，应从原日粮中减少1/3~1/2的饲料喂量，以防母羊分娩初期乳量过多或乳汁过浓而引起母羊乳房炎、回乳和羔羊消化不良而下痢；对于比较瘦弱的母羊，如若产前一星期乳房干瘪，除减少粗料喂量外，还应适当增加麻饼、豆饼、豆浆或豆渣等富含蛋白质的催乳饲料，以及青绿多汁的轻泻性饲料，以防母羊产后缺奶。此外，怀孕母羊的饲料和饮水要保持清洁卫生。

3. 哺乳期的饲养管理

（1）哺乳前期　即母羊产后1.5~2个月。刚产羔羊的母羊腹部空虚，体质虚弱，体力和水分消耗量大，可饮淡盐水加适量麸皮。产羔1~3天内如果母羊膘情好，可以少喂精料甚至不喂，只喂适量青绿饲料，以防消化不良或乳房炎。

（2）哺乳后期　即母羊产后2个月至羔羊断奶。产羔60天后，随着母羊泌乳量的减少，羔羊利用饲料的能力日渐增强，从以母乳为主的阶段过渡到以饲料为主的阶段。

（三）羔羊的饲养管理

1. 早吃初乳

羔羊出生后，要尽早吃到初乳，吃饱初乳。初乳是母羊分娩后4~7天内分泌的乳汁。初乳中含有丰富的蛋白质（17%~23%）、脂肪（9%~16%）、矿物质等营养物质和抗体，对增强羔羊体质、抵御疾病具有重要作用。其中镁盐还有促进胃肠蠕动，排出胎粪的功能。要保证初生羔羊在30分钟之内吃上初乳220克。

2. 安排好吃奶时间

在出生后10多天内，母子同圈，羔羊自由吃奶，几乎隔1~2小时就需吃奶1次。20天以后吃奶次数减少到每隔4小时1次。若白天母羊放牧，可将羔羊留在羊舍饲养，中午母羊回羊舍喂奶1次，加上出牧、归牧各1次，就等于羔羊白天吃奶3次。

3. 及早补饲

补饲是为了锻炼羔羊的胃肠功能，尽早建立采食行为。羔羊生后15~20天时，就应开始训练吃草料。羔羊喜食幼嫩的豆科干草或嫩枝叶，可在羊圈内安装羔羊补饲栏，将切碎的幼嫩干草、胡萝卜放在食槽里任其采食。20天后开始训练吃混合精料。从1月龄起，除随母羊放牧外每只每天补饲精料25~50克，食盐1~2克，骨粉3~5克，青干草自由采食。羔羊50日龄后，随着母羊泌乳逐渐减少，羔羊进入增料阶段，对蛋白质需要逐渐转入补喂的草料上，此时在日粮中应注意补加豆饼、鱼粉等优质蛋白质饲料，以利羔羊快生长、多增重。

4. 做好对奶和人工哺乳工作

羔羊在1月龄内要做好对奶工作，以保证双羔和弱羔都能吃到奶。缺奶羔羊和多胎羔羊，可进行人工哺乳。人工哺乳的羔羊也应吃过初乳。一般初生羔羊全天喂奶量相当于初生重的1/5，以后每隔1周较前期增喂1/4~1/3。每天哺乳的时间、次数也要固定。10日龄内日喂10次，10~20天日喂4~5次，20天后日喂3次，直至4~5周龄时停喂代乳品，这时切忌改变原来的补饲方式和日粮类型，也不宜更换圈舍，因为羔羊已熟悉周围的环境。停喂1周后，要增加放牧，减少应激。

（四）育成羊的饲养管理

育成羊的饲养是否合理，对体型结构和生长发育速度等起着决定性作用。饲养不当，可造成羊体过肥、过瘦或某一阶段生长发育受阻，出现腿长、体躯短、垂腹等不良体型。为了培育好育成羊，应注意以下几点：

1. 适当的精料营养水平

育成羊阶段仍需注意精料量，有优良豆科干草时，日粮中精料的粗蛋白质含量提高到15%或16%，混合精料中的能量水平占总日粮能量的70%左右为宜。每天喂混合精料以0.4千克为好，同时，还需要注意矿物质如钙、磷和食盐的补给。育成公羊由于生长发育比育成母羊快，所以精料需要量多于育成母羊。

2. 合理的饲喂方法和饲养方式

饲料类型对育成羊的体型和生长发育影响很大，优良的干草、充足的运动是培育育成羊的关键。给育成羊饲喂大量而优质的干草，不仅有利于促进消化器官的充分发育，而且培育的羊体格高大，乳房发育明显，产奶多。充足的阳光照射和得到充分的运动可使其体壮胸宽，心肺发达，食欲旺盛，采食多。只要有优质饲料，可以少给或不给精料，精料过多而运动不足，容易肥胖，早熟早衰，利用年限短。

3. 适时配种

一般育成母羊在满8~10月龄，体重达到40千克或达到成年体重的65%以上时配种。育成母羊不如成年母羊发情明显和规律，所以要加强发情鉴定，以免漏配。8月龄前的公羊一般不要采精或配种，须在12月龄以后，体重达60千克以上时再参加配种。

三、肉羊高效育肥技术

1. 选择杂交羔羊育肥

经济杂交是提高肉羊生产性能快速有效的方法。经济杂交常采用二元杂交和三元杂交。二元杂交就是两品种的的简单杂交，利用优良品种作父本，当地羊品种作母本，杂种一代作为商品羊育肥上市；三元杂交是利用优良种羊作第一父本与当地羊杂交，杂交一代公羊全部育肥作为商品羊，杂交一代母羊与另一优良种羊父本杂交，杂交二代羊全部作为商品羊育肥上市。无论是二元杂交还是三元杂交，早期生长发育速度都比较快，特别是6月龄前育肥,饲养成本低,且生产出来的羊肉细嫩味美。

2. 及早补饲

为了使羔羊生长发育快,生长性能好,除让吃足吃好初乳和常乳外,还应尽早补饲,这样不但能使羔羊获得更完善营养物质,还可以提早锻炼胃肠的消化机能,促进胃肠系统的健康发育,增强羔羊体质,为下一步快速育肥作好准备。

羔羊生后1周,即可开始给予一些鲜嫩的青草、叶片和细软的干草等,亦可将草扎成小捆,挂在高处羔羊能够吃到的架子上,让羔羊自由采食。为了尽快能让羔羊吃料,最初可将炒过的精料盛在盆里,通过香味诱使羔羊舔食。亦可将粉精涂在羔羊嘴上,让其反复磨食,待其嗅到味香尝到甜头,就会抢着吃料了。为保证羔羊能吃上料,可在羊圈一侧设置羔羊栏,栏内设料槽,让羔羊自由出入,随时采食。精料必须磨碎,配合比例要适当,营养价值要全面。通常2周龄羔羊,每天能吃精料50~70克,3~4周龄以上能吃100~150克,断奶前能吃200克以上;1月龄大的羔羊每天能采食干草100克,2月龄400克,3月龄700克,4月龄1 000克。尤其是50日龄左右是羔羊由吃奶向吃草料过渡并重时期,由于哺乳量减少,采食量增加,更应注意日粮的全价性,蛋白质及能量营养水平要高。

3. 早期断奶

早期断奶,实际是为了控制哺乳期,缩短母羊羔期,间隔和控制繁殖周期,有利于母羊提前配种,使种羊由二年三胎提高到一年两胎,从而提高繁殖率、出栏率和产肉率。羔羊早期断奶何时为宜,目前国内外没有统一规定,国外一般在45~50日龄断奶,国内多采用2月龄早期断奶育肥。

4. 及时去势和定期驱虫

去势后的羊通称为羯羊。用于育肥的羔羊一般应在1~3周内去势,此时去势有利于提高肉的品质,使肉质细嫩,减少膻味,并使羊性情温顺,便于管理,节省饲料,容易育肥,还可防止杂交乱配。去势时最好选在晴暖的早晨进行。去势的方法主要有去势钳法、手术法和结扎法3种，根据具体情况任意选用。

5. 精细饲喂

变传统粗放的饲养方式为舍饲精细突击育肥的方式，充分利用农作物秸秆、干草及农副产品，粗、精饲料合理搭配，精料可占到日粮的45%~60%。精料配方为：玉米83%、豆饼（花生饼）15%、石灰石粉1.40%、食盐0.5%、维生素和微量元素0.1%，若无豆饼、花生饼可用10%的鱼粉代替，同时将玉米的比例调到88%，粗饲料可采用青干草、玉米秸粉等。并建立正常的生活制度，定时给羊喂料、饮水、饮水要供应充足，水质良好，冬春季节，水温一般不能低于20℃，并保持清洁卫生。

育肥羊总的日粮要求是精饲料占60%~70%，精料占30%~40%。为了提高育肥效果，常用复合饲料添加剂，增重速度和饲料转化率可分别提高23.1%和18.7%。即每天每只羊喂2.5~3.3克添加剂与精饲料拌均饲喂。还可用莫能菌素钠（又叫瘤胃素），可使日增重提高35%，饲料转化率可提27%，方法是每千克日粮加25~30毫克拌均饲喂，最初量可少点以后逐渐加。

四、肉羊的繁殖技术

1. 初情期、性成熟及初配年龄

初情期是指羊初次出现发情和排卵的时期，且此时配种便有受精的可能性。初情期的肉羊虽有发情表现，但不完全，发情周期往往也不正常，其生殖器官仍在继续生长发育中。绵羊的初情期为4~5月龄，山羊的初情期为4~6月龄。初情期后，随年龄的增长，肉羊的生殖器官发育完全，并出现第二性征，发情周期和排卵已趋正常，具备了正常繁殖后代的能力，此时称为性成熟。一般肉羊绵、山羊公羊在6~10月龄，母羊在6~8月龄，体重达成年羊体重的50%~60%时性成熟。早熟品种4~6月龄，晚熟品种8~10月龄达性成熟。公羊性成熟的年龄要比母羊晚一些。

性成熟的羊并不适于立即配种利用，因为其生殖器官和机体其他器官仍处于生长发育之中，过早配种会阻碍母体正常发育，也对后代的体质和生产性能不利，但若配种过晚，则降低羊的利用价值和经济效益，故生产中应提倡适时配种。通常育成母羊的体重达成年母羊体重的70%配种比较适宜。肉用绵羊、山羊的初配年龄一般在12月龄左右，早熟的品种、饲养条件较好的母羊可以提前配种。因此，羔羊断奶以后，公、母羊要分开饲养，防止早配或近亲交配。

2. 肉羊的发情周期

羔羊生长发育到一定年龄时，母羊有一系列的性行为表现，即发情并在一定时间排卵。从这次发情开始到下次发情开始为一个发情周期，一般绵羊为14~20天，平均16天；山羊为18~23天，平均为20天。母羊从发情开始至发情结束所经过的时间称为发情持续期，一般绵羊为24~36小时；山羊为30~48小时。

3. 发情鉴定

以试情和外部观察相结合进行。试情是1只试情公羊（带好试性布）可试40只配种母羊，早晚各一次在羊圈内进行。发情母羊表现兴奋不安，不断鸣叫、强烈摇尾、外阴部潮红肿胀，有爬跨其他母羊行为，接受公羊爬跨等。在生产中，如果配种母羊较多，用激素处理母羊使母羊同期发情、同期配种、同期产羔、同期育成羔羊，达到集中管理提高效益的目的。可在母羊群出现5%的发情时，在未发情的羊头颈部注射"三合激素"（ITC）1毫升，24小时开始发情，持续到第5天。第二、第三天发情羊最多。

4. 母羊的配种

有两种方法：一是自然交配，也称本交。在配种季节，按公、母羊1:20的比例，将公羊放入母羊群，混群饲养或放牧，公母羊自由交配。这种方法简单省事，受胎率较高，适于分散的小群体。其缺点是公羊消耗太大，后代血统不明，易造成近交，无法确定预产期。可在非配种季节分开饲养公母羊，每一配种季节有计划地调换公羊克服上述缺点。二是人工授精。输精员先清洗、消毒母羊阴户及所用器具，用开膣器轻轻扩张阴道，将输精管慢慢插入母羊子宫颈口内 0.5~1 厘米处，保证有效精子不低于 7 500 万个。经保存或运输的精液，在输精最好升温在 38~40℃，经显微镜检查合格时才能输精。对于人工授精，掌握好母羊的发情排卵时间十分重要。在正常情况下，母羊的发情持续期分别是 30 小时和 24~48 小时，其排卵时间是发情后的 12~40 小时，山羊为 30~40 小时，其适宜的受精时间是发情后，绵羊 8~20 小时，山羊 12~24 小时。为保证受胎率，可采用重复配种，即早晨检出的发情母羊早晨配种一次，傍晚再配种一次，下午检出的发情母羊在傍晚配种一次，到第二天早晨再配种一次，两次配种时间间隔 10~18 小时。复配时可用同一只公羊，也可用不同的公羊。

5. 妊娠

受精卵在母羊生殖道内成长发育 146~161 天，平均为 152 天产出体外。确定母羊妊娠的方法主要有 3 种：一是外部检查。主要观察母羊周期发情停止，食欲增加，毛色润泽光亮，性情温顺。妊娠 3 月后，腹部右侧比左侧突出，乳房胀大等。二是阴道检查。母羊怀孕 3 周后，阴道黏膜为白色，几秒钟后变为粉红色。三是孕酮含量测定。配种后 20~25 天孕羊奶中孕酮含量大于或等于 8.3 纳克/毫升或血浆中的孕酮大于或等于 3 纳克/毫升时即可认定。

6. 分娩、接羔

母羊怀孕 150 天左右，乳房膨胀增大，乳头坚立，用手挤有少量黄色乳汁，阴道流出黏液由稠变稀，站立不安，时常鸣叫。这时将母羊留在垫有干草的产圈内。过 5~6 小时，经产母羊会顺利产出羔羊，再过 0.5~2 小时胎衣会排出。初产母羊或胎儿过大的需人工辅助产羔。羔羊产出后,将羔羊的口鼻部的黏膜擦掉,让母羊将羔羊舔干。剪断脐带,挤出脐带里的血,用碘酒消毒。如出现假死,用两手分握羔羊的前后肢,慢慢活动胸部或做人工吹气。母羊产后用温盐水拌麦粒皮饲喂母羊。胎衣排出后应及时取走,防止母羊吃掉。

7. 产后母羊和羔羊护理

产后 1~3 天给母羊补饲,每天每只 0.25~0.5 克饲料。其中玉米 35%、小麦粒 47%、豆饼 15%、食盐 0.5%、矿物质预混料 2.5%。随着时间的推移逐渐增加精料和多汁饲料。羔羊产出后 1 小时必须让羔羊吃上母羊初乳,吃不上初乳的羔羊以人工辅助,这是确保羔羊成活的重要措施。羔羊长到 10 天后,训练其吃食,先喂给幼嫩的青草,30 日龄后每只每天补给 50~100 克精料,60 天后 100~150 克精料。羔羊生下 30 天以内,对公羔羊去势。42~84 日龄断奶,分群饲养。

五、肉羊繁殖新技术

1. 发情控制

这是有效的干预家畜繁殖过程,提高繁殖力的一种手段。包括诱发发情、同期发情等技术措施。

(1) 诱发发情 是指母羊在乏情期内,人为地借助外源激素或缩短羔羊哺乳期等方法,引起母羊发情并进行配种的技术。诱发发情可通过羔羊早期断奶、生物学刺激及激素处理等途径实现。

1) 羔羊早期断奶法:此法实质是使母羊早日恢复性周期活动并提早发情。早期断奶时,可根据生产需要与羔羊管理水平而定。通常一年两胎母羊,羔羊可在 0.5~1.0 月龄断奶;三年五胎母羊,羔羊可在 1.5~2.0 月龄断奶;两年三胎母羊,羔羊可在 2.5~3.0 月龄断奶。

2) 生物学刺激法:包括环境条件改变和性刺激。环境条件改变主要指根据季节性发情母羊是短日照繁殖的特点,采用人工控制光照周期来引起母羊发情与排卵。具体做法是秋季用灯光延长光照时间，可使发情配种提前结束，夏季每天将羊舍遮黑一段时间来缩短光照，使母羊发情配种提前出现。性刺激是利用公羊效应，在正常配种季节到来之前，将公羊引入到母羊群，或公羊与母羊混群放牧，或共同舍饲，能刺激母羊提前发情。

3）激素处理法：此法是通过外源激素消除母羊季节性繁殖的休情期。具体做法是用孕激素对乏情母羊处理6~9天，停药后48小时，按每千克体重注射孕马血清促性腺激素15国际单位；母羊同期发情率可达95%以上。

（2）同期发情　是利用某些激素制剂人为的控制并调整一群肉羊发情周期的过程，使之在预定的时间内集中发情。处理方法如下：

1）阴道海绵法：将浸有孕激素的海绵置于子宫颈外口处，处理10~14天，停药后注射孕马血清激素400~500国际单位，经30小时左右即开始发情，发情的当天和次日各输精一次。常用孕激素的种类及剂量为：孕酮400~450毫克，甲孕酮50~70毫克，氯地孕酮80~150毫克，18-甲基炔诺酮30~40毫克，氟孕酮40~45毫克。

2）口服法：每日将一定数量的孕激素拌于饲料内，连续饲喂12~14天。药物用量约为阴道海绵法的1/10~1/5，最后一次口服药的当天肌内注射孕马血清性腺激素400~750个国际单位。

3）皮下埋植法：将一定量的孕激素装入多孔的塑料细管内或硅橡胶乳管内，用套管针或埋植器埋于牛耳背皮下，经过一定天数后取出，过2~3天就可发情。此法操作简单易行，不易丢失，用药量也较少。

4）前列腺激素法：将前列腺素或其类似物，在发情结束数日后向子宫内灌注或肌肉注射一定剂量，能在2~3天内引起母羊发情。

2. 超数排卵

此技术是在母羊发情周期的适当时间,通过注射促性腺激素的方法,使卵巢比正常情况下有更多的卵泡发育成熟,并排放出来。它对提高母羊产羔数,特别是发挥优良母羊的遗传潜力及使用效率,具有重要意义,也是实施胚胎移植新技术的基础。具体方法是在成年母羊发情到来的前4天,肌肉或皮下注射孕马血清促性腺激素600~1100国际单位,出现发情后立即配种,并在当天肌肉或静脉注射人绒毛膜促性腺激素500~700国际单位,即达到超数排卵的目的。

3. 诱产双胎

利用双羔素诱产多胎 此法主要分为激素免疫中和与多激素复合作用两种处理技术。

(1)激素免疫中和法 是利用人工合成的外源性类固醇与载体蛋白偶联,注射后刺激母羊体内产生生殖激素抗体,进而引起分泌泡素及增加促黄体激素脉冲频率,致使卵巢上有较多的卵泡发育成熟。如澳大利亚产双羔素、上海生化所研制的双羔苗和兰州畜牧所的TIT双羔素水剂型等。具体方法是在母羊配种前35~49天和14~28天分别进行一次免疫(具体使用时间见产品说明书),每只每次颈部皮下注射1~2毫升即可。

(2)多激素复合作用法 是利用人工合成的外源性类下丘脑释放激素与垂体促性腺激素配制成多种激素复合制剂,一次性注射后,利用各种激素的协同生理作用,促使卵巢上卵泡发育成熟。

4. 频密产羔体系

又称为密集繁殖体系,其实质是打破羊季节性繁殖的限制,使其一年四季均能发情、配种与产羔,让繁殖母羊每年提供更多的羔羊,再利用现有设备条件和集约化管理,使羊肉全年均衡上市。该体系目前有一年两产、三年五产、两年三产、三年四产和机会产羔等5种方案,其中,三年五产是较为接近实用化的新产羔方案。

三年五产体系：又称星式产羔体系，是由美国康乃尔大学的伯拉·玛吉设计的一种全年产羔方案。其原理是根据母羊妊娠期的一半73天，正好是一年的1/5，故把羊群分成3组，每年可按配种、产羔和妊娠出现次数不等、但顺序相延的5期，每期间隔7.2个月。如母羊妊娠失败，则可转入下组再配。此方案中，若母羊为每胎1羔，则每年可获1.67只羔羊；若为双羔母羊，则每年可获3.34只羔羊。

六、羊舍的建设

（一）羊场建设基本要求

1. 羊场场址选择原则

地势高燥，背风向阳，排水良好，地势以座北朝南或座西北朝东南方向的斜坡地为好，切忌在洼涝地、潮湿风口等地建羊场；水源条件良好，水源充足、水质好、无污染，不能让羊饮用池塘或洼地的死水；有利于防疫，离交通要道、集市有一定距离，选择有天然屏障的地方建栏舍最好。

2. 羊场场址选择要求

（1）场址地势较高，南向斜坡，排水良好，土壤干燥，背风向阳。

（2）场地附近应有优良的放牧地，并要有丰富无污染的水源条件。并有电源设施，便于饲草、饲料加工。

（3）建场要求土地面积较大，要有发展前途，有条件的地区还可考虑建立饲料生产基地。

（4）建场前应对周围地区进行调查，有无传染病、寄生虫等发生，尽量选择四周无疫病发生的地点作场址。

（5）场要远离居民区、闹市区、学校、交通干线等，便于防疫隔离，以免传染病发生。选址最好有天然屏障，如高山、河流等，使外人和牲畜不易经过。

（6）选址要考虑交通运输方便，但距交通要道不应少于500

米，同时尽量避开附近饲养场转场通道，便于疫病的隔离和封锁。

3. 羊场的基本设施

根据羊场的规模大小及生产性质，羊场的基本设施包括：羊舍、运动场、牧草地、饲料加工机房、氨化（青贮）池、兽医化验诊断室、防疫消毒池、动物无害化处理及粪便无害化处理设施、围栏设施、饲料仓库、办公场所等。

（二）羊舍建筑要求

1. 羊舍设计的基本要求

（1）尽量满足羊对各种环境卫生条件的要求 包括温度、湿度、空气质量、光照、地面硬度及导热性等。羊舍的设计应兼顾既有利于夏季防暑，又有利于冬季防寒；既有利于保持地面干燥，又有利于保证地面柔软和保暖。

（2）符合生产流程要求 有利减轻管理强度和提高管理效率，即能保障生产的顺利进行和畜牧兽医技术措施的顺利实施。设计时应当考虑的内容，包括羊群的组织、调整和周转，草料的运输、分发和给饲，饮水的供应及其卫生的保持，粪便的清理，以及称重、防疫、试情、配种、接羔与分娩母羊和新生羔羊的护理等。

（3）符合卫生防疫需要 要有利于预防疾病的传入和减少疾病的发生与传播。通过对羊舍科学的设计和修建为羊创造适宜的生活环境，这本身也就为防止和减少疾病的发生提供了一定的保障。同时，在进行羊舍的设计和建造时，还应考虑到兽医防疫措施的实施问题，如消毒设施的设置、有害物质（羊的脱毛、塑料杂物）的存放设施等。

（4）结实牢固，造价低廉 羊舍及其内部的一切设施最好能一步到位，特别是像圈栏、隔栏、圈门、饲槽等，一定要修得特别牢固，以便减少以后维修的麻烦。不仅如此，在进行羊舍修建的过程中还应尽量做到就地取材。

2. 羊舍建筑要求

（1）建筑地点要符合场址要求　羊舍要建在办公、宿舍的下风头，而兽医室、贮粪场要在羊舍的下风头。羊舍的南面要有足够的运动场。

（2）建筑面积要足，使羊可以自由活动　拥挤、潮湿、不通风的羊舍，有碍羊只的健康生长，同时在管理上也不方便。特别是在南方潮湿季节，尤其要注意建筑时每只羊最低占有面积，种公羊1.5~2平方米、成年母羊0.8~1.6平方米、育成羊0.6~0.8平方米、怀孕或哺乳羊2.3~2.5平方米。

（3）建筑材料的选择以经济耐用为原则　可以就地取材，石块、砖头、土坯、木材等均可。

（4）羊舍的高度要根据羊舍类型和容纳羊群数量而定　羊只多需要较高的羊舍高度，使舍内空气新鲜，但不应过高，一般由地面至棚顶以2.5米左右为宜，潮湿地区可适当高些。

（5）合理设计门窗　羊进出舍门容易拥挤，如门太窄孕羊可能因受外力挤压而流产，所以门应适当宽一些，一般宽3米、高2米为宜。要特别注意：门应朝外开。如饲养羊只少，体积也相应小的羊，舍门可建成1.5~2米比较合适，寒冷地区舍门外可加建套门。

（6）羊舍内应有足够的光线，以保持舍内卫生，要求窗面积占地面面积的1/15，窗要向阳，距地面高1.5米以上，防止贼风直接袭击羊体。

（7）羊舍地面应高出舍外地面20~30厘米，铺成缓坡形，以利排水。羊舍地面以土、砖或石块铺垫，饲料间地面可用水泥或木板铺设。

（8）潮湿地区要建成楼式羊舍，楼台用木条或竹条，但须结实，木竹条间距1~1.5厘米，可以漏羊粪，楼台距地面1.5~1.8米，以便清粪。

（9）保持适宜的温度和通风，一般羊舍冬季保持0℃以上即可，羔羊舍温度不低于8℃，产房温度在10~18℃比较适宜。

3. 主要的配套设施

（1）干草房　用于贮藏干草作越冬饲料，其空间大小可根据每只羊200千克青干草来推算。

（2）青贮和氨化设备　根据饲养规模来建立青贮窖和氨化池。要做到不漏水、不跑气。

（3）药浴池　即用药物洗澡的水池。用于防虫治虫和便于肉羊的正常生长和发育。

（4）饲槽和饲料架　饲槽用于补充精料和饲喂颗粒饲料，饲料架则用于晾干青绿饲料。

七、肉羊的疫病防治技术

（一）羊场卫生防疫措施

1. 加强日常饲养管理

要保证营养平衡，防止营养物质的缺乏，对于妊娠后期母羊和羔羊更应该注意，要严格按照饲养管理标准进行。防止采食霉变饲草、毒草和喷过农药的饲草，不能饮用死水和污水，以减少寄生虫和病原微生物的侵袭。羊舍内要通风良好，光线充足，温度适宜。羊舍、用具和运动场要定期清扫彻底消毒，特别是用于异地育肥的羊舍，出栏后一定要消毒。

2. 定期驱虫

在养羊业中，寄生虫的危害很大。每年应根据当地寄生虫的流行情况，定期驱杀羊只的内、外寄生虫，一般采用一年春秋两次药物驱虫。在春季选用广谱驱虫药驱虫一次，根据实际情况可以增加驱虫次数，驱虫后10天的粪便应马上收集进行发酵处理，杀死虫卵和幼虫。秋季驱虫有利于保护羊只的健康，更应该严格细致的计划和执行。

3. 及时预防接种

预防接种是防止传染病发生和流行，扑灭传染病的重要方法之一。要根据本地历年发生传染病的情况和目前疫病流行情况，制定切实可靠的免疫程序，按计划进行预防接种，使羊只免患传染病。

药物预防是定时定量的在饲料或饮水中加入药物，是对某一些没有疫苗的疾病进行预防性的措施。常用的药物有磺胺类药，预防量 0.1%～0.2%，治疗量 0.2%～0.5%；一般连用 5～7 天，有时也可酌情延长。每年在春季羊剪毛后 10 天左右要进行药浴。药浴液可用 0.025%～0.03% 的林丹乳油水乳液。

4. 加强检疫工作

检疫是"预防为主"方针中不可缺少的重要一环。通过检疫，可以及时发现疫病，及时采取防治措施，做到就地控制和扑灭。检疫是定期对羊群进行健康检查和抽检化验，及时发现病羊，为防止病羊把疾病传染给健康羊，要立即隔离，单独关养，进行治疗。坚持自繁自养原则，确需引进种羊时，必须从非疫区购入，并经当地动物防疫监督部门检疫合格，进场后经本场兽医验证和检疫、隔离观察一个月以上，健康者经驱虫、消毒、补苗后，方可混群饲养。

（二）肉羊常见病的诊断与治疗

1. 羊痘病

羊痘病是一种由痘病毒引起的急性、热性、接触性传染病。其特征是在皮肤与某些部位的黏膜发生丘疹和水泡。痘病最常发生于绵羊、山羊。本病发生后，羔羊最易感染，病情严重。病羊表现食欲不振，体温升高 41～42℃，脉搏、呼吸加快，眼睑肿胀，眼结膜充血、流泪，脓性鼻漏，在眼的周围，唇、鼻、外生殖器、乳房、尾内侧和四肢侧等毛稀部位发生痘疹，痘疹最初是圆形的红色点，经 1～2 天发展为豌豆大，硬固的凸出于皮肤表面的红色结节，称为丘疹，丘疹很快增大，以后表面变为灰白色的水泡，经 2～3 天成为周围皮肤红肿的脓泡。脓泡干涸结痂脱落后，形成灰褐色的瘢痕，如果发生感染，恶性经过成脓毒败血症死亡。特别是羔羊，可继发肺炎，胃肠炎和病毒败血症而死亡，耐过本病的羊，终生不再得此病。

本病是由病毒引起，以防疫为主。主要是加强饲养管理，增强羊的抵抗力，不从疫区买羊和畜产品，预防注射羊痘弱毒疫苗，免疫期为一年至一年半。为防止继发感染，可对症治疗：黏膜病灶用0.1%高锰酸钾溶液冲洗后涂上碘甘油，皮肤病灶可涂碘酒，也可涂四环素、红霉素软膏。

2. 传染性胸膜炎

俗称"烂肺病"，是由山羊支原体引起的山羊特有的接触性传染病，以高热、咳嗽、纤维蛋白渗出性肺炎和胸膜炎为特征。本病接触传染性很强，主要通过呼吸道传染，常以冬季和早春枯草季节发病最多，营养缺乏，长途运输，环境骤变等因素也可诱发，临床上主要表现为病初体温升高、呼吸困难、咳嗽，并流出浆液性带血鼻液，痛苦呻吟，眼睑肿胀，流泪或有脓性眼屎，慢性多发生于夏季等。剖解胸腔常有黄色液体，胸膜变厚而粗糙，心包与胸膜发生粘连，肺肝变凸出于肺表，颜色由红至灰不等，切面呈大理石样，急性病例肝、脾肿大、肾肿大等。

平时加强饲养管理，做到冬暖夏凉，增强羊只体质。发病后要迅速隔离病羊，对被污染的圈舍、场地、用具进行彻底消毒，对病羊的粪便、垫草和病死羊严格无害化处理。病初可用"914"、土霉素等药物治疗，有一定的疗效，病中、后期治疗效果不明显。

3. 羔羊痢疾

本病主要是B型产气荚膜杆菌引发，往往伴有大肠杆菌或沙门氏杆菌参与而致羔羊的急性肠道传染病，其特征是剧烈腹泻和小肠溃疡，个别病羔表现神经症状，死亡率很高。初生羔羊发生腹泻拉稀，开始如稠粥样，继而成水泻，色呈灰白、黄白或黄绿，有恶臭。病羔羊精神委顿，时常弓背作腹胀痛状，不吃奶，眼球下陷。可在24小时内至羔羊死亡。

治疗方法：

西药治疗：一是注射青霉素和链霉素，每天各20万单位，连续3天；二是喂土霉素，每天1次，每次0.2克/只，加等量的胃蛋白酶，连喂3天；三是肠胃消炎片，每4小时1次，连喂2天。消炎片和土霉素可同时喂。

中药治疗：党参10克、白术6克、黄芪10克、升麻6克、柴胡6克、枳壳6克、厚朴6克、淮山药6克、乌梅6克、五味子4克、肉叩（去壳）4克、泡姜6克、茯苓6克、甘草3克。

土法治疗：一是切几片黄连，用开水泡1天，黄连水喂羔羊，每日3次，每次5~10毫升，连喂2~3天即可；二是用大蒜汁半匙喂羔羊，一天3次，连喂2~3天。

4. 羔羊肺炎

羔羊常见的肺炎多为支气管肺炎，是无传染性的一种常见羊内科疾病，一般发生在60天以内的初生羔羊，在春秋气候多变的季节最常发病，引起本病的原因是多方面的，多因寒冷刺激，受寒感冒，刺激性气体如煤烟、尘土，以及羔羊营养不良，维生素缺乏，断奶过早，继发细菌感染而引起本病。病羔羊精神沉郁，吃奶减少，喜伏卧，体温升高达42℃，咳嗽，鼻孔流出浆液或黏液性鼻液，呼吸迫促，心悸亢进，结膜发紫，耳鼻四肢发凉。羔羊有时出现体温下降（36~36.5℃），呼吸微弱，心跳无力，低头闭眼，四肢发凉，多数不显肺炎症状而很快死亡。

治疗方法：一是青霉素20万~40万单位，链霉素20万~40万单位，每天2次肌注；二是10%磺胺噻唑钠或磺胺嘧啶钠液5~10毫升，每天2~3次，静脉注射；同时用庆大霉素2万单位，肌肉注射，每天3次。

5. 羔羊消化不良

多因羔羊产后体质过弱，或由于母羊饲养不良，母乳过分浓稠，蛋白质含量过多，或由于幼羊管理不善，饮水不洁，舔食了污物，引起了消化机能紊乱和细菌感染所致。病羊腹泻，食欲减退，体温正常，粪便呈灰白色粥样，并带有白色乳状小块，也有的呈黄色、褐色或绿色粥样；严重的剧烈腹泻，粪便呈水样灰色，带有黏液和血液，恶臭。病羔心跳疾速，呼吸加快，结膜发绀，四肢末端发凉，眼窝下陷，体温下降（36~37℃），可在1~2日内致羊死亡。

治疗方法：

西药：一是胃蛋白酶8克、乳酶生8克、葡萄糖粉30克，混合制成舔剂，每天分三次内服；二是磺胺咪或长效磺胺，按每千克体重0.1~0.3克，磺胺咪每天分2~3次口服，长效磺胺每日一次口服。

中药：方法一：山楂10克、神曲10克、麦芽10克、鸡内金5克，这四味炒黄研粉，加葡萄糖粉30克，混合成舔剂，每天三次内服；方法二：乌梅6克、诃子9克、黄连5克、姜黄6克，干柿9克、白头翁15克，煎汁灌服，每天3次，每次3~5毫升。

6. 中暑

由于暑天放牧，烈日曝晒，或因湿热环境下，体热不能散放而蓄积体内，造成体内产热和散热平衡失调，导致中枢神经和心血管系统以及呼吸系统机能障碍所致。本病一般发生在夏季，长途运输或驱赶羊过快也易发病。病羊突然发病，精神极度沉郁，平衡失调，步态不稳，重者卧地不起，肌肉战抖，全身出汗，皮肤灼热，呼吸急促。先是短期兴奋，随后高度抑制，呈昏迷状态，瞳孔放大，体温高过42℃，可很快导致死亡。

治疗方法：方法一：发现羊出现上述症状时，应立即将羊放到阴凉通风处，头部及心区用冷水敷，或用冷水浇灌。同时配合用冷水或冷盐水反复灌服2~3次即可；方法二：口服藿香正气水（液）2~3支/只，并将病羊放于阴凉处，等羊恢复精神后方可放牧；方法三：重者可立即静脉放血100~300毫升，放血后马上补5%的葡萄糖生理盐水500~1 000毫升，静脉滴注。

7. 感冒

感冒是由于风寒因素引起的一种非传染性上呼吸道炎症。一年四季均可发生，但以早春、冬季和晚秋为多发，羊发此病上呼吸道粘膜发炎，故出现流涕咳嗽。病羊精神不振，流鼻涕，常拌有咳嗽，食欲减少，反刍停止或减少，粪便干燥，耳尖、鼻端和四肢发凉，呼吸、脉搏增快，全身颤抖。

治疗方法：一是肌内注射复方安基比林5~10毫升，每天1~2次；二是肌内注射安痛定或安乃近5~10毫升，每天1~2次；三是重病者，可用青霉素40万~80万单位或链霉素50万~100万单位，肌内注射，每天1~2次；四是用中药治疗。风热（夏季）感冒用以下药方：桑叶10克、菊花10克、银花6克、连翘10克、杏仁10克、桔梗10克、甘草6克、薄荷10克、牛蒡子10克、生姜15克，熬汁灌服，每天3次；风寒（冬春）感冒可用下药：杏仁10克、桔梗15克、紫苏15克、半夏10克、陈皮12克、前胡12克、甘草8克、枳壳10克、茯苓15克、生姜15克、葱白做引子，煎汁灌服，每天3次。

8. 乳房炎

乳房受机械的、化学的、物理的和生物的作用而致使乳腺发炎。主要是母羊产后由于羔羊死亡，母羊有乳无羔哺；或因圈舍不干净，乳房长期拖地而造成母羊乳房感染了链球菌或葡萄球菌所致。病羊乳房肿大，皮肤发红，逐渐产生硬块，母羊由精神烦躁转为精神不振，严重的乳中带血、脓，体温升高到41.5℃。

预防方法：母羊产羔后如果羔羊死亡，应实行人工挤乳，每天2~3次，4~5天后逐渐减少次数，使其慢慢停奶；如羔羊虽未死亡，但产乳较多，乳房出现红肿时，要适当减少精料，加强母羊运动，以减少乳的分泌量。

治疗方法：一是把奶挤尽，乳房、乳头消毒后，从奶头乳道注入青霉素20万单位，每天2次，连续2天；二是如果母羊发热（41.5℃以上），肌内注射青霉素40万~80万单位和链霉素50万~100万单位，每天2次，连续2天。

9. 胃肠炎

胃肠炎中兽医称肠黄，是胃肠黏膜及其深层组织的重度炎症所致。多因饲料粗硬、发霉、变质而引起。病羊持续腹泻，拉稀粪，有恶臭或腥臭，并混有血液和坏死组织黏膜碎片，或有未消化的饲料。病羊精神沉郁，肛门松弛，排粪失禁，尾根及后肢糊有稀粪。

治疗方法：一是口服胃肠消炎片0.6克，每隔6~8小时1次，严重的还可口服金霉素1克/只，加等量的胃蛋白酶，一日2次；二是肌内注射5%的磺胺噻唑钠，每天2次，每次5~10毫升/只；三是肌内注射5%的黄连素，每天2次，每次10毫升/只；四是用黄连10克、黄柏10克、茯苓10克、砂仁10克、泽泻10克、枳壳10克、白芷10克、猪苓10克、郁金10克、甘草5克，煎水灌服，一天3次，每次20~30毫升。

10. 瘤胃臌气

瘤胃臌气中兽医称为气胀或肚胀，是饲料停滞瘤胃，异常发酵产气，一时又排不出去，超过正常容积，引起患畜嗳气受阻、腹部胀痛的一种疾病。主要是由于多吃了易于发酵产气的饲料如鲜苕子、苜蓿、豆秸、带露水的嫩草或青饲料，在短时间内形成大量气体或泡沫而致病。病羊大多数是在采食后或食后不久突然发病，主要特征是腹围迅速臌大，病部凸出尤其以左侧腹最显著，病羊疼痛不安，回顾病部或用后脚踢腹；反刍、嗳气完全停止；呼吸困难，脉搏增快，眼结膜发紫，体温正常；病势凶猛，张口流涎，伸舌吼叫，眼球突出，全身出汗；病期短，常因窒息或心脏麻痹死亡。

治疗方法：一是在野外放牧羊群时，发现羊肚胀晕倒在地时，如倒左边则用右手托住羊子，如倒右边则左手托住羊子，给羊口中横衔一木棍，另一只手轻揉腹部臌胀之处，气消后无事；

二是农户养羊在家发生瘤胃臌气,可用醋20毫升、白酒15毫升,加水150毫升,一次灌服即可;三是用福尔马林(甲醛)3毫升,加水100~150毫升一次口服;四是用来菔子、毕橙茄、枳壳、厚朴、木香、大黄、芒硝、滑石各10克,研成细末,加菜油3两,一次灌服。

11. 羊口疮

羊口疮多发生在春秋季节,分缺乏维生素性口疮和传染性口疮两种,缺乏维生素性口疮主要是因下雨天未按时出牧或长期饲喂粗干饲料,青绿饲料补充不足所致,重点是缺乏维生素B_2;传染性口疮是由口疮病毒感染所致。病羊口部出现多处疮,外观发肿,严重影响羊只采食。

治疗方法:一是补充维生素B_2,每羊每日2~5毫克(1片),连用几天,同时按时出牧,多补充青绿多汁料;二是先用0.1%~0.3%高锰酸钾液洗疮,去掉痂皮,再用龙胆紫(又叫紫药水)涂擦患部,每日1~2次;三是用碘甘油(碘酒:甘油9:1,现用现配),涂擦患部,每日1~2次。

12. 寄生虫病

寄生虫一般与环境都有关系,外寄生虫疥癣有痒螨、疥螨之分,还有蜱,它们除寄生于羊体外还能在地下生存,所以要做到环境干净,对羊粪便要堆积发酵杀虫处理。内寄生虫的肝片吸虫的中间宿主是椎实螺,肺丝虫、毛园线虫、莫尼茨绦虫的中间宿主是潮湿的水草,脑包虫的中间宿主是家犬,是家犬的多头绦虫的虫卵在羊的大脑中变成包囊蚴所致。羊如患外寄生虫,症状为脱毛、结痂、奇痒,重者皮肤发炎,羊患此病逐渐消瘦,生长停止。内寄生虫主要有肺丝虫、肝片吸虫、毛园线虫、莫尼茨绦虫、脑包虫等。它们有的寄生在羊的肺、肝、胃肠,有的寄生于大脑、肌肉等处,吸食羊的营养、破坏羊的正常生活,造成羊只生产力下降,有的甚至因营养枯竭而死。

治疗方法:定期驱虫,一般每月1次驱体内寄生虫,可用阿维菌素针剂皮下注射，每千克体重0.2毫克，也可用伊维菌素、左旋咪唑或苯硫苯咪唑按说明书剂量服用。防制脑包虫重点是给家犬驱虫，可用氯硝柳胺和吡喹酮，均安全有效。用氯硝柳胺，按每千克体重100～125毫克空腹内服。用吡喹酮5～10毫克/千克内服。

第七章 其他经济动物养殖实用技术

第一节 肉兔高效养殖技术

养兔业是一个传统的养殖业,按照其经济用途不同可分为肉用、皮用和毛用3类。养兔在中国的起步最早,群众基础也最为广泛。其中饲养肉兔投资小、见效快。因其肉质细嫩、味道鲜美,含脂肪胆固醇低、营养价值高而深受广大消费者欢迎,国内外市场前景广阔。中国每年都要向欧、美等20多个国家和地区出口大量兔肉。同时,肉兔以草为主,用粮很少,属于节粮型畜牧业范畴,能够很好地解决人畜争粮矛盾。因此,发展肉兔养殖在目前粮食紧缺情况下是一项很有前途的项目。

一、肉兔的品种选择

养殖肉兔常见的品种有:

1. 加利福尼亚兔

该兔全身被毛白色,只有双耳、鼻、四肢及尾巴为黑色,故又称"八点黑兔"。成年兔体重一般在4~4.5千克之间,红眼睛,耳较小,体质结实,性情温顺,母性好,年产仔50只左右,仔兔3~4月龄体重达2.5千克,其缺点是幼兔抗病力弱。

2. 新西兰兔

是较著名的皮肉兼用型品种。体型大小中等,耳厚臀圆,前后结构良好,毛色纯白,生长速度快,适应性强,成年兔体重达5千克左右。每胎产仔7~9只。料肉比为2.8:1,屠宰率高。

3. 比利时兔

为大型肉用兔种。被毛有深褐色、浅褐色、黄褐色等,两耳宽长直立，耳缘有黑色毛边，颔下无肉，四肢强壮有力，体躯长，肌肉丰满。90日龄兔体重可达2.8千克。母兔泌乳量大，成年兔体重为5~6千克，不足之处是易患脚皮炎。

4. 哈白兔

成年兔体重6~7千克，全身被毛纯白色，肌肉发达，结构良好，抗病力强，每窝产仔8~9只，兔早期发育快，缺点是耐热性稍差，偶尔出现长毛个体。

二、兔舍要求与选择

选择和建造好兔舍是发展肉兔的先前条件，在筹建肉兔舍时要遵循以下原则：

1. 要选择在背风向阳，地势高燥，环境安静，无污染源的地方；

2. 建筑材料要选择坚固耐用，保温性能好、能隔音，地板要求以水泥地板为主，有利于清洗消毒；

3. 建舍时要充分考虑到通风换气和透光性能，保证夏季防热、防晒，冬季透光防寒；

4. 建舍时要计算好舍饲和跨度，留足走道，便于饲养管理、清扫消毒和出售；

5. 建好的肉兔舍要能有效地防止猫、黄鼠狼等肉兔天敌的侵入，同时夏季能防止蚊蝇入内传播疫病；

6. 肉兔舍门前要做好一方形消毒池，以便管理人员进出时的鞋底消毒。

肉兔舍大体可分为群养舍、笼养舍、地下舍3大类。群养舍即利用空闲房，用铁丝网围成1米高、10平方米的空间，一端通向室外运动场，白天将肉兔放至运动场，晚上赶回室内。这种兔舍的优点是：肉兔能够充分运动，建筑费用基本没有，只需稍加配套，成本低，省工省时。笼养舍又可分为室外笼养、室内笼养和移动式笼养3种。其中以室外窑洞或兔舍最好，它具有造价低，通风透光好，干燥卫生等优点，适于温热带地区。这种兔舍具体建筑方法为：用砖或石头砌建成一排排多层窑孔兔舍，每个窑孔65厘米，深75厘米，宽90厘米。笼底用2~3厘米宽的竹板钉制，竹板间距为1厘米；上层兔笼顶就是下层的盛粪板（或接粪板），笼顶可抹一层水泥或铺一层油毡，以免兔粪下渗。笼门用钢筋或铁丝制成。笼内放置食槽、水槽。地下舍主要适用于冬季寒冷地区，优点是造价较低，不占地，但通风透光受到影响，在建筑时要特别注意。

三、饲养管理要科学

1. 保证充足的营养水平

据有关资料报道，肉兔的日粮中含15.6%粗蛋白质对肉仔兔及成年兔的生长发育最为适宜。因此，在配制日粮时一定要按照肉兔不同生长阶段适当调整配方，最好是按肉兔不同生长阶段配制制成颗粒饲料。

2. 科学喂饲

肉兔的生长速度快，对饲养要求比较严格。因此，在喂养肉兔过程中必须始终坚持定时定量，勤喂少添的原则，在饲喂配合饲料的同时（或全价颗粒饲料）适当补以富含维生素、矿物质的青绿多汁饲草料，冬季无青绿饲草时要加喂一些胡萝卜、甜菜等多汁块根饲料。

3. 适当加夜草

俗语道："马无夜草不肥"。肉兔也是一样，这是由肉兔的生活习性所决定的。兔子属野生动物驯化而来，白天喜欢睡眠，晚上活动采食。特别是在冬季，天短夜长，晚间气温较低，肉兔需要消耗大量热量维持正常体温，如果晚上不供夜料，肉兔势必以消耗体内热量而维持，久而久之会使肉兔不但不长，反而消瘦。而在夏季白天普遍气温较高，肉兔食欲较差，晚上气候凉爽，肉兔喜食，因此更应抓好这一环节。一般情况下肉兔应喂4~5次，即早、中、晚、夜间加喂1~2次。使夜饲的饲喂量达到一昼夜需要量的2/3左右。

4. 精心管护

饲养肉兔是一项投资小、收益快，投入产出比高的养殖业，但同时又是一项非常细致，非常辛苦的工作。因此在日常管护中一定耐心、细致、做到"三勤两注意"即：勤观察记录、勤清扫消毒、勤防病治病。要求做到每天清除粪便、打扫舍内卫生，每天观察记录兔群生长发育情况，有无疫病发生，一周清洗食水槽两次，消毒一次，两周兔舍内地面及用具消毒一次，一月兔笼消毒一次。两注意是注意保持兔舍空气新鲜，通风透光和冬季的保暖防寒，夏季的防暑降温；注意按照免疫程序给肉兔接种疫苗和定时给药。

5. 严格的疫病防治

目前对肉兔危害严重的疫病很多，诸如：兔病毒性出血症，球虫病，巴氏杆菌病，沙门氏杆菌病等。因此在肉兔养殖过程中除要做严格的消毒工作外，特别要注意按照免疫程序接种兔病毒性出血症疫苗，巴氏杆菌疫苗和沙门氏杆菌疫苗等，并要在肉兔饲料，饮水时定时添加抗球虫病药物，防病毒病药物。另外要做到对肉兔群疾病的早诊断，早确诊，早治疗，使一些传染病消灭在萌芽状态。一旦发生疫病要立即将病兔隔离饲养、对病兔实行隔离紧急治疗。对死亡病兔要运至远离兔场地方深埋或焚烧处理，切不可乱扔乱弃。

四、自繁自养、优种优配

1. 选留优种

适时配种。目前，肉兔品种很多、养殖要依据本地气候、环境和自然条件选择引进适宜本地气候特点的优良种兔，进行自繁自养。肉兔的适时配种年龄因品种而异，一般小型品种为6个月，大型品种为8~9个月，最佳的繁殖年限3~4年。繁殖公母兔要选择性欲好，繁殖力强，体质健壮者，母兔发情后将公兔放入笼内让其进行本交，在公母兔交配时饲养员要在旁边守候，必要时可协助配种，以使配种在短时间内完成，减少公兔因配种过程太长而造成不必要的体力消耗。为了提高肉母兔的繁殖受胎率，目前多采用"二次复配"，即在母兔首次配种后的6~8小时再配一次，复配时最好选择另一只种公兔，这样就可以大大增加母兔的受孕机会，减少空怀，提高养兔的经济效益。

2. 怀孕母兔的饲养管理

母兔的怀孕时间为29~31天，这一期间应对孕兔实行特别护理，首先要隔离饲养，避免因大群混养，相互撞击造成流产。其次是饲喂一些营养丰富，容易消化的食物，提高母兔怀孕期间的营养水平，另外还要加喂富含维生素、矿物质的青绿多汁饲草料，诸如：青苜蓿、胡萝卜等，在管护时要认真观察母兔孕期发展情况，一旦发现有流产先兆时要采取保胎措施。

3. 仔兔管理与早期断奶

刚生产的仔兔身体非常虚弱，有的还不会吃奶，这时要特别需要管护人员悉心照料，精心管护，对不会吃奶的幼兔要人工帮助找奶，进行吃奶训练，并防止母兔食仔和压、踏致死。当仔兔在生后15~18天即开始进行采食训练，先让幼兔吃一些绿嫩鲜草及容易消化的软饲料，逐步过渡到正常饲料。仔兔断奶最好是在生后21~24天，断奶过程要逐步进行，一般要有2~3天的过渡时间，突然断奶很容易引起仔兔胃肠疾病。为保证仔兔顺利断奶及断奶后的正常生长发育，必须做好以下几项工作：①抓好仔兔开食训练关。在仔兔生后15天左右，让其采食少量鲜嫩，易于消化的青草，青菜及豆浆等，3~5天后逐渐加大剂量，6~7天后适当添加些精料，以后逐渐加喂，并在精料中加入适量的维生素、矿物质、骨粉、木炭等。饲喂次数以昼夜5~6次为宜，这一过程大约7~10天完成。②仔兔断奶时间要根据体质差异而有所不同，体质健壮者适当早断奶，体质较弱者可稍推迟几天。③断奶仔兔要适时分群饲养，在分群要将体质健壮者分为一群，体质较弱者分为一群。这样可以有效避免强欺弱，大欺小及挤咬等意外事故，使整个兔群正常发育，达到良好的养殖效益。

第二节 长毛兔养殖技术

兔毛制品具有轻软、舒适、暖和、美观等特点，深受国内外消费者欢迎。饲养长毛兔占地少、投资少、饲料来源广、收益大，是农民致富的一条好门路。

一、长毛兔的品种选择

世界上长毛兔的品种很多，其中以安哥拉兔为生产性能最好的一个品种，原产地在土耳其安哥拉省。安哥拉长毛兔品系很多，如中系、英系、日系、德系等。其中，以德系体重较大，成年体重 5 千克左右，年产毛量在 0.75～1 千克，优良者可达到 1.5 千克；中系安哥拉长毛兔体重为 2.5～3.5 千克，年产毛量 0.25 千克左右，优良者可达 0.5 千克以上。中系安哥拉长毛兔适应性强，繁殖率高，耐粗饲，抗病力强，与德系安哥拉长毛兔杂交具有良好的配合能力。

二、兔舍要求与选择

长毛兔有胆小怕惊，耐寒怕热，厌湿喜干等生活习性。兔舍必须设置在朝阳、冬暖夏凉、光线充足、通风良好、空气新鲜、干燥而幽静的地方。长毛兔一般采用笼养，种兔单笼分养，幼兔一笼多养。常用的兔笼一般长 60 厘米、宽 55 厘米、高 45 厘米；3 层，兔笼底部离地 30 厘米以上。笼底板最好铺设竹片，竹片宽 2.5 厘米，两片之间的距离为 1 厘米。这样，既能使兔粪落下，又不夹兔脚。

三、饲养管理

兔场或养兔专业户应根据各自的技术水平和饲养条件确定选养何种品系长毛兔。但选取种兔必须家谱清楚、外貌特征与所选品系相符、遗传性能稳定、毛色纯正、体质健壮、无畸形、疫病和寄生虫等。引种年龄一般以 4～5 月龄青年兔为好，公母比例以 1：（4～5）为宜（人工辅助交配公母比例以 1：（8～10）

为宜)。良种长毛兔的初配年龄:公兔为7~8月龄,体重3.3~4千克;母兔为6~7月龄,体重3~3.5千克。

1. 长毛兔以草食为主,适当搭配精料

产毛兔每日约需青饲料0.5千克、配合饲料100~150克。常用的青饲料有苜蓿、菜叶、树叶、花生藤、红薯秧及各种野草,冬季可饲喂晒制青干草。配合饲料参考配方:豆粉15%,麸皮28%,大麦15%,玉米10%,米糠20%,鱼粉5%,棉籽饼5%,贝壳粉1.5%,食盐0.5%。每日饲喂3~4次,要定时定量,尤其夜间要保证有充足的草料和饮水。青饲料要洗净沥水,不喂带泥土、雨水或喷洒过农药的。精料要现拌现喂,防止隔夜发酸。仔兔16日龄可开始补料,40~45日龄断奶。4月龄后公母兔应分笼饲养。

2. 种公兔的饲养管理

(1) 非配种期的种公兔因生理负担不重,只需保持中等营养水平即可。蛋白质水平在12%左右和足够的维生素,每日每兔供给精料80~100克,青饲料800~1 000克,冬季适当加喂。

(2) 配种期的种公兔生理负担重,应注意营养的全面性和长期性,特别是蛋白质、无机盐、维生素等营养。

3. 种母兔的饲养管理

种母兔是兔群的基础兼负着妊娠、产仔、哺乳和产毛等多种任务,营养消耗大,特别是妊娠后期和哺乳期,更应加强饲养管理。

(1) 空怀母兔由于哺乳期消耗大量营养物质,饲养上营养要全面,要供给充足的优质青草和少量精料,保持七八成膘适当肥度。对长期不发情的母兔应改善饲养管理条件,并可利用人工催情技术。

(2) 妊娠期除维持母兔本身营养需要外,还需满足胚胎、乳腺发育和子宫增长之需要的大量营养物质。妊娠前期(即妊娠后1~18天)饲养水平稍高于空怀母兔;妊娠后期(即妊娠后19~30天）因胎儿增长速度很快，需营养物质多，饲养水平应比空怀母兔高1~1.5倍。在自由采食的情况不，每天喂精料应在150~180克，混合精料应在80~100克。

（3）哺乳期的饲养 母兔分娩后即进入哺乳期，长毛兔哺乳期一般为40~50天。在此期间，一要加强饲养必须供给母兔营养丰富和容易消化的饲料，保证供给充足的蛋白质、无机盐和维生素。饲料要新鲜、清洁，并适当补喂豆饼、麸皮、豆渣及食盐、骨粉等。适口性要好夏秋季节每天可饲喂青绿饲料1 000~1 500克，混合精料100克；冬春季节，每天喂优质干草150~300克，青绿多汁饲料200~300克，混合精料50~100克。二要精心管理哺乳母兔和仔兔最好分开饲养，分娩初期每天哺乳2~3次，每次10~15分钟；20日龄后每天哺乳1~2次。三是要预防母兔乳房炎，乳房炎是因母兔泌乳过多过浓，仔兔太少，乳汁过剩，或母兔泌乳不足，仔兔过多，引起争食咬伤乳头所致。对泌乳过多产仔少的可采取寄养法，对奶水不足母兔，可加喂黄豆、米汤或红糖水，也可喂"催乳片"。每次喂奶后要检查母兔乳房，看乳汁是否排空，发现乳房有硬块要立即按摩；乳头有破裂需及时涂擦碘酊和内服消炎药。并搞好笼舍卫生，经常检查笼底板的安全状态。

4. 青年兔的饲养管理

从3月龄至初配前的未成年兔称为青年兔，又叫育成兔或后备兔。生长发育快，采食量增加，抗病力增强，死亡率降低。是长毛兔一生中最容易饲养的阶段。日粮中以青粗饲料为主，适当补给精饲料，一般日喂混合精饲料50~70克，青饲料500~600克。5月龄以后的青年兔应适当控制精料喂量以防过肥，影响种用，由于青年兔是长肌肉、长骨骼的阶段，应特别注意无机盐类饲料的补充。性成熟早的青年兔在3~4月龄左右就会发情，为防止早配，必须把雄兔和雌兔分开饲养。

四、采毛

采毛是长毛兔饲养过程中的成果收获。合理采毛可促进兔毛生长，提高兔毛质量。

1. 梳毛

梳毛的目的是防止兔毛缠结，提高兔毛质量，也是积少成多的收集兔毛的方法。梳毛采用金属梳或木梳，顺序是颈后、两肩、背、体侧、臀、尾、后肢，再提起两耳及颈皮肢梳前胸、腹、大腿两侧、额、颊及耳毛。

2. 剪毛

是采毛的主要方法。一般以年剪毛4～5次为宜。养毛期90天可获特级，80天可获一级毛，60天可获二级毛。剪毛方法一般采用专用剪毛剪，也可用理发剪。剪毛顺序为背中线—体侧—臀部—颈部—颌下—腹部—四肢—头部。

3. 拔毛

是一种重要的采毛方法。优点是可促进毛囊增粗，粗毛比例增加，优质毛比例可提高40%～50%，提高粗毛率8%～10%；可促进皮肤代谢机能和毛囊发育加速兔毛生长，提高毛产量8%～12%；拔毛时拔长留短，有利于兔体保温。拔毛方法拔长留短适于寒冷或换毛季节，每隔30～40天拔毛一次，全部拔光适合温暖季节每隔70～90天拔一次。拔毛时先梳理被毛，再用左手固定兔子，右手拇指将兔毛按压在食指上均匀用力拔取一小撮一小撮。

采集的兔毛要注意保管。兔毛易缠结、受潮、虫蛀，日晒后又易变脆。因此，收集后的兔毛应装入木柜或纸箱，避免重压，不宜多翻动以免缠结，最好用塑料布衬垫箱体内壁。兔毛切忌在阳光下曝晒，可放置用纱布袋装的樟脑丸或其他防虫剂，放在墙角等阴凉通风处地面应注意防潮。此外，保管兔毛还应注意防鼠、防尘。

第三节 肉用驴养殖技术

与养猪、养羊、养牛相比，肉驴养殖风险更小，投入少、见效快、效益高。

一、中国主要驴品种

中国的驴按体型大小分为大型驴、中型驴和小型驴。大型驴主要分布在陕西、山西、河北、山东的平原地区，品种有关中驴、德州驴、晋南驴和广灵驴等。中型驴主要分布在陕西、甘肃、山西及河北省的高原和河南中部平原，如佳米驴、泌阳驴、庆阳驴、淮阳驴等。小型驴主要分布在中国西北、长城以北和东北平原以及荒漠半荒漠的草地、宽广的农区平原地区，主要有新疆驴、西南驴、华北驴等。目前肉驴的集约化养殖还处于刚起步阶段。所以由人工培育的产肉型驴还未见推广。要进行饲养繁殖就得选用型体较大、耐粗饲、抗病力强、适应性好、繁殖性能良好，而且饲料报酬也高的驴种为佳。像中国现有的陕西关中驴、山东德州驴、山西广灵驴以及云南驴都是育肥驴的优良品种。目前肉驴多以同种交配繁育为主。也可和马进行杂交。集约化养殖可采用人工授精法。采集良种驴精液，有利于大批量繁育加速良种的推广培育。

二、肉驴育肥场建设及环境控制

1. 场址的选择

肉驴场应水电充足，水源符合国家生活饮用水卫生标准；饲料来源方便，交通便利；地势高燥，地下水位低，排水良好，土质坚实，背风向阳，空气流通，平坦宽阔或具有缓坡，距离交通要道、公共场所、居民区、城镇、学校1 000米以上；远离医院、畜产品加工厂、垃圾堆及污水处理厂2 000米以上，周围应有围墙或其他有效屏障。

2. 场区布局

肉驴场一般分生活区、管理区、生产区和辅助生产区。生活区和管理区应设在场区地势最高处或上风头处,与生产区保持50米以上的距离。辅助生产区设在管理区与生产区之间。生产区包括驴舍、运动场、积粪池等,应设在场区地势较低位置。消毒室、兽医室、隔离室、积粪池和病死驴无害处理室等应设在生产区的下风头,距驴舍不少于50米。人员、动物和物质转运应采取单一流向,以防交叉污染和疫病传播。场区四周、道边及运动场周围要植树绿化。

3. 肉驴舍的建设

驴舍建筑要根据当地的气温变化和驴场生产用途等因素来确定,以坐北朝南或朝东南双坡式驴舍最为常用。驴舍要有一定数量和大小的窗户或通风换气孔,以保证太阳光线充足和空气流通。驴舍大门入口处要设置水泥结构消毒池。驴舍内主要设施有驴床、饲槽、清粪通道、粪尿沟、饮水槽和通风换气孔等。

4. 驴舍内环境控制

通过窗户或通风换气孔来调控驴舍内的有害气体和温度。同时,及时清除粪便,以减少有害气体的排放,保证驴舍内环境达到国家标准。

三、肉驴常用饲料

肉驴的蛋白质饲料有糟渣类饲料、豆饼(粕)、菜籽饼和棉籽饼等。能量饲料可分为三大类:即禾本科籽实、块根块茎类饲料及糠麸。禾本科籽实是驴精饲料的重要组成部分,常用作饲料的禾本科籽实有玉米、大麦、高粱等;块根块茎类饲料有马铃薯、甜菜、胡萝卜等;糠麸类饲料有米糠、糠皮等。粗饲料主要有干草类、农作物秸秆类和秕壳类等。粗饲料经适当加工调制处理,可以改变原来的理化特性,提高其适口性和营养价值。肉驴青贮饲料的原料主要有全株青玉米、收果穗后玉米秸、青刈大麦、各种野草类等。肉驴常用的维生素饲料主要有维生素A、维生素 D、维生素 E 等。矿物质是肉驴生长发育、繁殖和生产不可缺少的物质。常用的矿物质饲料有食盐、骨粉、磷酸钙、磷酸氢钙、贝壳粉、石粉和微量元素添加剂等。

四、肉驴育肥期饲养管理技术

1. 幼驹肥育

育肥前期，日粮以优质精料、干粗料、青贮饲料、糟渣类饲料为主。育肥后期，以生产优质品和产量高的驴肉为主要目标，提高胴体重量，增加瘦肉产量。幼驹育肥时应群养，无运动场，自由采食，自由饮水，圈舍每日清理粪便 1~2 次，及时驱除内外寄生虫、防疫注射，采用有顶棚、大敞口的圈舍或采用塑料薄膜暖棚圈养技术。及时分群饲养，保证驴均匀生长发育，及时变换日粮，对个别贪食的驴限制采食，防止脂肪沉积过度，降低驴肉品质。

2. 阉驴肥育

常用的方法有前粗后精模式和糟渣类饲料育肥模式。

（1）前粗后精模式　前期多喂粗饲料，精料相对集中在育肥后期。这种育肥方式常常在生产中被采用，可以充分发挥驴补偿生产的特点和优势，获得满意的育肥效果。在前粗后精型日粮中，粗饲料的功能是肉驴的主要营养来源之一。因此，要特别重视粗饲料的饲喂。将多种粗饲料和多汁饲料混合饲喂效果较好。前粗后精育肥模式中，前期一般为 150~180 天，粗饲料占 30%~50%；后期为 8~9 个月，粗饲料占 20%。

（2）糟渣类饲料育肥模式　糟渣类饲料在鲜重状态下具有含水量高，体表面积大，营养成分含量少，受原辅料变更影响大，不易贮存，适口性好，价值低廉等特点，是城郊肉驴饲养业中粗饲料的一大来源，合理应用，可以大大降低肉驴的生产成本。糟渣类饲料可以占日粮总营养价值的 35%~45%。利用糟渣类饲料饲喂肉驴时应当注意：不宜把糟渣类饲料作为日粮的唯一粗饲料，应和干粗料、青贮料配合；长期使用白酒糟时日粮中应补充维生素 A，每头每日 1 万～10 万国际单位；糟渣类饲料与其他饲料要搅拌均匀后饲喂；糟渣类饲料应新鲜，若需贮藏，以窖贮效果为好，发霉变质的糟渣类饲料不能用于饲喂。

3. 成年架子驴肥育

成年架子驴指的是年龄超过 3～4 岁、淘汰的驴和役用老残驴。这种驴育肥后肉质不如青年驴育肥后的肉质，脂肪含量高，饲料报酬和经济效益也较青年驴差，但经过育肥后，经济价值和食用价值还是得到了很大的提高。成年架子驴的快速育肥分为 2 年阶段，时间为 65～80 天。

（1）成熟育肥期　此期 45～60 天。这一时期是驴育肥的关键时期，要限制运动，增喂精料（粗蛋白质含量要高些），增加饲喂次数，促进增膘。

（2）强度催肥期　一般为 20 天左右。目的是通过增加肌肉纤维间脂肪沉积的量来改善驴肉的品质，使之形成大理石状瘦肉。此期日粮浓度可适当再提高，尽量设法增加驴的采食量。

成年架子驴的肥育一定要加强饲养管理。公驴要去势，待肥育的驴要驱虫，饲喂优质的饲草饲料，减少运动，注意厩舍和驴体卫生。若是从市场新购回的驴，为减少应激，要有 15 天左右的适应期。刚购回的驴应多饮水，多给草，少给料，3 天后再开始饲喂少量精料。

4. 青年架子驴肥育

青年架子驴的年龄为 1.5～2.5 岁，其育肥期一般为 5～7 个月，2.5 岁以前肥育应当结束。对新引进的青年架子驴、因长途运输和应激强烈，体内严重缺水，所以要注意水的补充，投以优质干草，2 周后恢复正常。同时要根据强弱大小分群，注意驱虫和日常管理。除适应期外，青年架子驴肥育期一般分成生长育肥期和成熟育肥期 2 个阶段，这样既节省精料，又能获得理想的育肥效果。

（1）生长肥育期　重点是促进架子驴的骨骼、内脏、肌肉的生产。要饲喂富含蛋白质、矿物质和维生素的优质饲料,使青年驴在保持良好生长发育的同时,消化器官得到锻炼,此阶段能量饲料要限制饲喂。肥育时间为2~3个月。

(2) 成熟肥育期 这一阶段的饲养任务主要是改善驴肉品质,增加肌肉纤维间脂肪的沉积量。因此,日粮中粗饲料比例不宜超过30%~40%;饲料要充分供给,以自由采食效果较好。肥育时间为3~4个月。

五、搞好肉驴防病治病工作

1. 肉驴在下槽离圈时,要饮足清洁水。严禁饮用污染水或脏水。

2. 搞好圈厩卫生。圈厩内不留隔夜粪便。食槽和饮水缸要定期清洁消毒圈厩应建在远离村庄的地方,以免受疫病感染。

3. 肉驴每次进圈或出圈时尤其是使役完毕后,要让其痛痛快快地打几个滚(因为打滚是单蹄畜休息的最好方式)。并逐个进行刷拭,这样做不仅有利于皮肤清洁,更能促进血液循环。加强生理机能,增进体质健康,消除疲劳。

4. 在饲喂中要经常观察。一经发现肉驴有不适之态,或有减食表现立即请兽医处理,不可麻痹大意,贻误治疗时机。

5. 不要公母驴混养。以免相互厮咬碰撞,造成意外创伤,以致诱发破伤风。

第四节 鹌鹑养殖技术

鹌鹑属鸟纲,鸡形目,雉科,为鸡形目中最小的一种。鹌鹑原是一种野生鸟类,分布很广,经过100多年的驯化和人工选育,已成为高产的珍禽之一。鹌鹑肉质鲜嫩、味道鲜美、营养丰富、食不腻人,是中国民间传统的滋补良药。由于鹌鹑体型小,成熟早,产蛋率高,繁殖力强,饲料转化率高,占地少,因而投资少、生产周期短、繁殖快、生长迅速、收益高,非常适宜农村和城镇集体和个人养殖。

一、鹌鹑的生物特性与品种

（一）鹌鹑的生物特性

鹌鹑性成熟早，生长快，生产周期短，从出壳到开产只需45天左右。肉用鹌鹑40~45日龄体重达到250~300克，为初生重的25~30倍。鹌鹑孵化期短，繁殖力强。孵化期为16~17天，一年可繁殖3~4代，年繁殖后代总数可达1 000只（理论上）。

鹌鹑产蛋力强，平均蛋重10~12克，平均年产蛋量270~280枚（最高纪录460枚），年产总蛋量2.8千克，为雌鹑自身体重20倍。

鹌鹑性情温顺而胆小。适宜笼养，对外界刺激敏感，易惊群，特别要求环境安静。

鹌鹑新陈代谢旺盛，对饲料的全价性要求高。人工饲养的鹌鹑，总是不停地运动和采食，每小时排粪2~4次，成年鹑体温40.6~42℃，心跳150~220次/分钟。

（二）鹌鹑的品种

鹌鹑的品种较多，按照现代经济用途分类，可大概分为蛋用型与肉用型。

1. 日本鹌鹑，世界著名蛋用品种

成年雄鹑体重约100克，雌鹑140克，40日龄开始产蛋，蛋重10克左右，年平均产蛋率80%以上，日采食量25~30克。本品种对环境温度要求较高，适宜密集型饲养。

2. 朝鲜鹌鹑，属于蛋用品种

主要分为龙城系和黄城系。龙城系成熟体型大于日本鹌鹑，生长发育快，性成熟早，年平均产蛋270~280枚，蛋重12克左右，肉用仔鹌鹑35~40日龄平均体重130克，半净膛率80%以上。

3. 中国白羽鹌鹑

该品种是北京种禽公司引种培育的新品种,具有自别雌雄的特点,其杂交一代白羽为雌鹑,褐羽为雄鹑。该品种具有良好的生产性能,45日龄性成熟,成年体重145~170克,平均产蛋率80%~90%,并有抗病能力强、自然淘汰率低、性情温顺等诸多优点。

4. 法国巨型肉鹑

为著名肉用型品种。体型较大,42日龄体重可达240克,适宜屠宰日龄45天,体重270克,成年体重为320~350克,产蛋率不低于60%,平均蛋重13~14.5克,出生雏鹑重9克。该品种胸肌发达,骨细肉厚肉质鲜嫩。

5. 美国法拉安鹌鹑

肉用型品种,35日龄育肥,体重可达250~350克,净膛率67%,具有生长发育快、体重大、屠宰率高、肉质好等特点。

二、养殖鹌鹑的准备工作

(一)鹌鹑对环境要求和鹑舍一般条件

1. 鹑舍要求冬季能保温,夏季能隔热,有取暖及排风设施。一般舍内温度18~25℃;育雏温度30~35℃。

2. 鹑舍应该是坐北朝南,或是坐西北朝东南,窗户面积与室内面积比1:5为好,这样可以更多地利用阳光,使舍内明亮、通风良好。

3. 应有利于防疫消毒,舍内以水泥地面为好,注意留足下水道口,不仅便于清扫消毒,而且有利于防止寄生虫病和鼠害。

(二)鹑舍建筑

1. 建设地点

要选择地势高、排水良好、土质好、背风向阳、远离污染和水、电、交通便利的地方。鹑舍最好座北朝南,以利于采光和通风。要有平整的路通往鹑舍,又不能离交通要道太近,要避免往来车辆及其他噪音的干扰。

2. 屋顶

要求屋顶材料保温性能好、隔热,并易于排雨。最好使用瓦片建造,先抹泥再挂瓦,屋顶要有顶棚,有利于冬季保温,夏季隔热。顶棚距地面 2.2~2.4 米高。

3. 墙壁和地面

墙壁以砖墙为好,砖墙保温性能好,坚固耐用,便于清扫消毒,但造价较高。如采用造价低廉的石墙,保温性能差,水气凝结在墙上不易散发。因此,使用石墙时要在墙上抹一层麦秸泥,再用石灰乳刷白,可以增强防潮保温。

(三) 笼具准备

1. 雏鹌笼

主要供 1~15 日龄的雏鹌使用,笼壁和笼顶可用木板和铁丝制作,安放粪板空隙高度为 5 厘米,底层距地面不低于 30 厘米,顶网、后壁和两侧孔眼为 10 米×15 毫米,底网孔眼为 10 米×10 米。配置专用食槽与水槽。小型育雏笼的规格一般为 100 厘米×60 厘米×20 厘米,设一个活动门,可叠 4~5 层,每层下设一粪板。热源可采用煤炉加热,管道取暖。

2. 成鹌笼

成鹌笼要求适当宽敞,密度要小些,以破壳率低和不影响交配为原则。一般 5~6 层配置,每 3 层设一粪板,每层 100 厘米×60 厘米×22 厘米。水槽和料槽不放在笼内,而是安放在笼外集蛋曹上面。安放时,水槽与料槽的间隙为 2.7 厘米为宜,便于鹌鹑伸头采食。

(四) 食槽、饮水器和其他用具

随着鹌鹑生产发育不同,食槽和水槽均可分为育雏及成鹌两种规格。

1. 育雏阶段

育雏阶段的食槽、水槽都要放在育雏器内,因常拿进拿出,必须做得灵巧耐用,易换水换料,又便于冲洗消毒。

(1) 食槽　按不同的日龄以每10只鹌鹑所需食槽长度为准。1~5日龄，8厘米；6~15日龄，20厘米；16~40日龄，25厘米。食槽可用铁皮、塑料制作。规格要求宽7.5厘米，高1.5厘米，长可按需选择。

(2) 饮水器　市售罐头瓶饮水器最适合养鹌鹑用。

2. 成鹑阶段

雏鹑长到10天以后，喂水、喂料都可在笼外进行。水槽、食槽可用塑料、铁皮等制成，其长短的截取基本与笼体的长度相等。

三、鹌鹑的人工繁育

(一) 种鹑的选择

种鹑不论雌雄，都应该选择三代以内、发育良好、无疾病、体重在120克以上，体形丰满的鹌鹑。优良的种鹑，要求眼大小适中，目光稳而有神，颈细长，头小圆，肌肉丰满，羽毛有光泽，用手握时显得温驯，对种鹑标准是：

1. 种雄鹑

应体壮胸宽，爪完全伸开，体重120~130克；羽毛颜色较深，有鲜艳红褐色的面颊，美观乌黑的喙；鸣叫洪亮，活泼好动，食欲和性欲旺盛；在泄殖腔上方露出榛子般大小红色的球状隆起，用手按压时有白色泡沫出现，说明已具备交配能力。

2. 种雌鹑

应头型俊俏，颈细长，体型匀称，既有健壮的身体和良好食欲，又不太肥，腹部容积大且柔软。成年雌鹑的体重130~150克，体重超过170克的雌鹑反而产蛋率较低；年产蛋在250枚以上。因雌鹑具有早衰的特点，不可能等到产1年蛋后才选择，所以应统计开产后3个月的产蛋率进行推算，以开产后头3个月的平均产蛋率达88%为选种的下线指标。

(二) 配种技术

1. 初配日龄与种用限期

雄鹑出壳后 30 天开始鸣叫，逐渐达到性成熟。雌鹑出壳 45 天左后开产，开产后就可以配种。作为种鹑的适宜配种日龄：中雄鹑为 90 日龄，种雌鹑应在开始产蛋的 20 天以后。利用期限的最佳期，种雄鹑为 4～6 月龄，种雌鹑 3～12 月龄。但一般繁殖场在实际饲养中，60 日龄的雌雄鹑开始配种，繁殖期为 1 年，年年更换。

2. 配种季节

鹌鹑的配种以春秋为宜。此时气候温和，种鹑蛋的受精率和孵化率均较高，也有利于雏鹑的生长发育。若具备一定的温度条件，可常年交配。

3. 配种的方法和注意事项

原则上应用日龄较小的雄鹑配日龄较大的雌鹑。鹌鹑以早晨或傍晚的性欲最旺盛，交配后受精率也最高。其中在早晨第一次饲喂后交配更为合适，傍晚的交配常会因雌鹑即将产蛋而拒配。常用的配种方法有以下 3 种，可根据饲养不同的目的选择不同的配种方法。

（1）个体配种法　雌雄鹑均单笼饲养，交委时将雄鹑放入雌鹑笼内，任其自由交配，数分钟交委完毕再将雄鹑放回原笼，雄鹑每日交配一次。这种配种法既可提高受精率，又能防止雄鹑因交配次数过多而消瘦，也不会影响雌鹑产蛋，适用于良种场。其缺点是需要笼舍多，费工费时。

（2）一雄双雌配种法　将 1 只雄鹑放入装有 2 只雌鹑的笼内，任其自由交配。配种时间为早晚各 1 次，也可每日上午交配 2 次，两次间隔 2～3 小时，每次配种后即将雄雌分开。这种方法比个体配种法经济些，也适用于良种场。

（3）小群配种法　将雌雄鹑按照 1：（2～3）的比例混养于一个较大笼内，任其自由交配，一般每小群为 30～40 只。这种方法用笼较少,交配次数多,雄鹌饲养的数量少,成本低,管理方便,但因其系谱不清,仅适用于商品场。

四、鹌鹑的营养需要

根据鹌鹑的生长发育特点,蛋用型鹌鹑日粮配合总的要求是"两头高,中间低"。即雏鹑和成年鹑日粮中蛋白质和代谢能含量都比较高,而仔鹑日粮中的含量降低一些,以达到控制鹌鹑性成熟,使其不至于过早开产的目的。开产日龄控制在45~50日龄之间为好。仔鹑日粮可减少一些鱼粉等蛋白质饲料,增加糠麸类饲料使用量。表中是蛋用型鹌鹑各阶段营养需要的推荐量(表7-1)。

表7-1 蛋用型鹌鹑各阶段营养需要

饲养阶段	蛋白质(%)	代谢能(千焦/千克)	矿物质(%)	食盐(%)
育雏期	22.5	11.7	2.5	0.5
育成期	18	11.0	2.5	0.5
产蛋期	20	11.5	4.5	0.5

需要特别指出的是,产蛋期日粮蛋白质含量适应根据产蛋率水平和不同季节气温高低差异进行适当调整。夏季高温采食量减少,应适当增加日粮中蛋白质含量;冬季低温,采食量增加,应适当降低日粮中的蛋白质含量,增加能量饲料比例,这样才能做到充分发挥成鹑的成产性能,又减少不必要的浪费。肉用仔鹑则与蛋用仔鹑不同,为了获得较大的上市体重,从出壳至出笼都给予高营养水平的饲料。

五、鹌鹑的饲养管理

鹌鹑各阶段的划分,国内尚无统一标准。根据其生理特性,大至可分为:1~15日龄为雏鹑,15~40日龄仔鹑,40日龄以后为成鹑。

(一) 雏鹌鹑的饲养管理

鹌鹑的育雏是指 1~15 日龄的饲养管理。鹌鹑的育雏阶段生长发育迅速，羽毛脱换、生长速度很快。

1. 保温

雏鹌鹑体温调节机能不完善，对外界环境适应能力差，同时，幼雏个体很小，相对体表面积较大，散热量较成鸡多，所以雏鹑对温度非常敏感。保温条件比雏鸡要求更为严格。育雏时温度头 2 天应保持 35~38℃，在而后降至 34~35℃，保持一星期，以后逐步降低到正常水平。育雏器内温度和室温相同时，即可脱温。室内温度保持在 20~24℃ 为宜。温度掌握不仅仅依靠温度计，更主要的是观察雏鹑的状态，看鹑施温。同时，还应注意天气变化，冬季稍高些，夏季稍低些；阴雨天稍高些，晴天稍低些；晚上稍高些，白天稍低些。

2. 通风与湿度

通风的目的是排出舍内有害气体，换新鲜空气，只要育雏室温度能保证，空气越流通越好。育雏的前阶段（1 周龄），相对湿度保持在 60%~65%，以人不感到干燥为宜。稍后（2 周龄）由于体温增加，呼吸量及排粪量增加，育雏室内容易潮湿，因而要及时清除粪便，相对湿度 55%~60% 为宜。

3. 饮水

雏鹑经过长途运输或在孵化器内呆的时间过长，丧失不少水分，应及时供给温水，使雏鹑恢复精神，否则会使雏鹑绒毛发脆，影响健康。长时间不供水，会使雏鹑遇水暴饮，甚至弄湿羽毛，引起受凉，产生拉稀。第一天饮 0.01% 的高锰酸钾水，连饮 3 天，以后每周饮高锰酸钾水一次。如经长途运输，第一天宜饮用 5% 葡萄糖水溶液。

4. 喂料

雏鹑生长发育迅速，所需饲料营养要求高。雏鹑如在 24 小时出齐，则 16 小时开食，如在 15~18 小时出齐，则一般要求在

24小时内开食。开食料采用混合饲料,可用0~14天的专用雏鹌料或小鸡料,一般均采用昼夜自由采食,须保持不断水,不断料。也有采用定时定量喂饲,原则上早、晚2次。但应看具体情况而定。

5. 饲养密度

应合理安排饲养密度。每平方米面积第一周龄250~300只左右,第二周龄100只左右,第三周龄75~100只(蛋鹑100只,肉鹑75只),冬季密度可适当增大,夏季则相应减少。同时,应结合鹌鹑的大小,结合分群适当调整密度。

6. 光照

育雏期间的合理光照,有促进生长发育的作用,光线不足,会推迟开产时间。一般第一周采用24小时光照,8~9天后白天不开灯,利用自然光,晚上开灯。

7. 辅料

育雏器内的辅料最理想的是麻袋片,也可采用粗布片。由于刚孵出的雏鹑腿脚软弱无力,在光滑的辅料上行走时,易造成"一"字腿,时间一长,就不会站立而残废。因此辅料禁用报纸或塑料。

8. 日常管理

育雏的日常工作要细致、耐心,加强卫生管理。经常观察雏鹑精神状态。按时投料、换水、清扫地面及清扫粪便,保持清洁。其日常管理包括以下几点:

(1) 要有专人24小时值班,每天早晚,要观察鹌鹑的动态,如精神状态是否良好,采食、饮水是否正常,发现问题,要找出原因,并立即采取措施;

(2) 承粪盘3天清扫1次,饮水器每天清洗1次;

(3) 每天日落后开灯,掌握照明时间;

(4) 经常检查育雏箱内的温度、湿度、通风是否正常。临睡前,一定要检查一次温度是否适宜;

（5）观察雏鹌鹑粪便情况，正常粪便较干燥，呈螺旋状。粪便颜色、稀稠与饲料有关。喂鱼粉多时呈黄褐色，喂青料时呈褐色且较稀，均属正常。如发现粪便呈红色、白色便须检查；

（6）及时淘汰生长育不良的弱雏。发现病雏，及时隔离，死雏及时剖检；

（7）在1周龄和2周龄时，抽样称重，与标准体重对照。

（二）仔鹌鹑的饲养管理（种用和蛋用仔鹌鹑）

仔鹑即指15~40日龄期间的阶段。这一阶段生长速度快，尤以骨骼、肌肉、消化系统与生殖系统。其饲养管理的主要任务是控制其标准体重和正常的性成熟期，同时要进行严格的选择及免疫工作。

1. 光照

仔鹑的饲养期间需适当"减光"，不需育雏期那长的光照时间，只须保持10~12小时的自然光照即可。在自然光照时间较长的季节，甚至需要把窗户遮上，继续使光线保持在规定时间内。

2. 湿度和通风

室内应注意保持空气新鲜，但要避免穿堂风，地面要保持干燥。冬季要注意保温，可在中午气温稍高时换气。适宜的湿度为55%~60%。

3. 温度

育成期初期温度保持在23~27℃，中期和后期温度可保持在20~22℃。

4. 控料

对种用仔鹌鹑和蛋用仔鹌鹑，为确保仔鹌鹑日后的种用价值和产蛋性能，雌、雄鹌鹑最好分开饲养，同时还要对雌仔鹌鹑限制饲喂，一般从28日龄开始控料。这不仅可以降低成本，防止性成熟过早，又可提高产蛋数量、质量及种蛋合格率。

限制饲喂方法：

(1) 控制日粮中蛋白质含量为20%；

(2) 控制喂料量，仅喂标准料量的80%。一般种用仔鹌鹑与蛋用仔鹌鹑在40日龄时，大约已有2%的鹌鹑开产，但大多数均需在45～55日龄开产。因此在之前，必须做好各种预防、驱虫等工作。并应及时转群。转群前应准备好成鹑舍、成鹑饲料等各种准备工作。转群时动作需轻，环境需保持安静。一般1月龄左右的鹌鹑从外貌上可判别雌雄，可采用公母分开饲养，除种用公鹑外，其余公鹑与质量差的母鹑均可转入育肥笼，进行育肥上市。

（三）成鹑的饲养管理

成鹑一般指40日龄以后的鹌鹑，其饲养目的是获得优质高产的种蛋、种雏及食用蛋。成鹑因生产目的不同可区分为种用鹑和蛋用鹑，二者除配种技术、笼具规格、饲养密度、饲养标准等有所不同外，其他日常管理基本相似。

1. 公母配比及利用年限

根据育种或生产的需要，鹌鹑的公母配比有所差异。常用的为1∶4或1∶4.5，雄、雌配比是保证种卵受精率的关键措施之一。鹌鹑的利用年限，公鹑仅为一年，种母鹑则以0.5～2年不等，主要取决于产蛋量、蛋重、受精率以及经济效益、育种价值等而定。在生产实践中对蛋用型种鹑仅用8个月的采种时间；对肉型母鹑的采种时间则更短些，仅为6个月。

2. 母鹑的产蛋规律

母鹑群一般40日龄左右就开始产蛋，一般一个月以后即可达到产蛋高峰，且产蛋高峰期长。产蛋时间主要集中在午后至晚上8时前，而以午后3.5～6.5时为产蛋数量最多。

3. 成鹑的饲料与饲喂

产蛋鹑必须使用全价饲料，鹌鹑对饲料的质量要求较高，尤其是对饲料中的能量和蛋白质水平要求更高。能量要达到2 750～2 800千卡/千克，蛋白质19.3%～19.5%。冬天可以加入动物、植物油。产蛋鹌每只每天采料20~24克，饮水45毫升左右，但随产蛋量、季节等因素而改变。增加饲喂次数对产蛋率也有较大影响，即便是槽内有水，有料，也应经常匀料或添加一些新料，每天4~5次。

4. 成鹑的管理

（1）舍温　舍内的适宜温度，是促使高产、稳产的关键。一般要求控制在18~24℃，低于15℃时会影响产蛋，低于10℃时则停止产蛋，过低则造成死亡。解决的办法是增加饲养密度、增加保温设备。夏天舍内温度高于35℃时，会出现采食量减少，张嘴呼吸，产蛋下降。应降低饲养密度，增加舍内通风等。

（2）光照　光照有两个作用，一是为鹌鹑采食照明，二是通过眼睛刺激鹌鹑脑垂体，增加激素分泌，从而促进性的成熟和产蛋。鹌鹑初期和产蛋高峰期光照应达14~16小时，后期可延长至17小时。光照强度以每平方米2.5~3瓦以宜。灯泡位置放置时，应注意重叠式笼子的底层笼的光照。

（3）湿度　产蛋鹌鹑最适宜的相对湿度为50%~55%，鹌鹑本身要散热，排粪也会增加湿度，如果鹑舍湿度过大，微生物会大量滋生而影响鹌鹑的健康与产蛋率。

（4）保持环境安静　鹌鹑胆小怕惊，很容易出现惊群现象，表现为笼内奔跑、跳跃和起飞。如饲养员工作时动作过于粗暴，过往车辆及陌生人的接近等都会引起惊群、产蛋率下降及畸形蛋增加。

（5）日常管理　饲养产蛋鹑日常工作应包括清洁卫生和日常记录。食槽、水槽每天清洗一次，每天清粪1~2次。门口设消毒池，舍内应有消毒盆。防止鼠、鸟等的侵扰，日常记录应包括舍鹑数、产蛋数、采食量、死亡数、淘汰数、天气情况、值班人员等。

第五节 肉鸽养殖技术

一、肉鸽的生物学特性

(一) 发展前景

肉鸽俗称地鸽、菜鸽,在动物学分类上属鸟纲、鸽形目、鸽科、鸽属。其体重大、不善飞、性成熟早、发展快,以产肉、蛋为主,乳鸽生长快,食量小,抗病力强、饲养周期短、经济效益高等特点。鸽肉细嫩鲜美、营养丰富,老少皆宜,为病后虚弱及老年人的高级滋补品。为了满足人们对肉个品种、品质的要求。近年来肉鸽饲养有了很大发展,相当多的农户成了养鸽专业户,大中型肉鸽场也拔地而起。一大批科学工作者也深入研究了肉鸽的遗传、育种、饲养、管理、营养、疫病防治及产品加工。可以预计,在今后一段时间里,肉鸽养殖一定会有更大的发展潜力。

(二) 主要品种

1. 石岐鸽

是中国优良的大型肉用鸽品种之一。原产于中山市石歧镇,系由美国王鸽与当地土鸽杂交而成。该鸽体长、翼长、尾长,毛色有白色、灰色、红色和杂色。成年鸽重 0.7~0.8 千克,年产乳鸽 8~10 对,乳鸽重 0.6 千克。它肉质鲜美,抗病力强,容易培育,是中国目前较好的肉鸽品种。

2. 王鸽

又称美国王鸽,是目前世界公认的大型肉用种鸽。最常见品系是白王鸽和银王鸽。白王鸽体型小,每对种鸽年产乳鸽 6~7 对。乳鸽屠宰率高。

3. 卡奴鸽

原产于比利时和法国。体型略小于王鸽,最大特点是繁殖力强,年产乳鸽 7~10 对,每只重 500 克以上。

4. 贺姆鸽

原产于美国，也是世界有名的鸽种。成年雄哥体重 700~750 克，雌鸽体重 650~700 克，乳鸽 600 克左右，繁殖力强，年产乳鸽 8~10 对。

5. 仑替鸽

是肉鸽中体型最大的鸽种，成年雄哥体重 1.4 千克，雌鸽 1.25 千克，青年雄鸽 1.2 千克，雌鸽 1.15 千克，年产 7~9 窝。

二、肉鸽舍的设计

鸽舍要求既有阳光，又可遮阳，既能防鼠、猫危害，又便于自由活动。因此，建筑鸽舍的地点，应选择地势高燥，排水良好，用水和交通方便，空气新鲜的地方。鸽舍应东西坐向，背北向南，要求干燥、通风、透光、冬暖夏凉。养肉鸽的方式有群养和笼养两种。

(一) 群养鸽舍

一般采用单列式，宽 5 米，高 2.5 米（瓦顶屋檐）或 3.2 米（水泥屋顶），长度有 12 米、18 米、30 米、50 米，可根据地区和饲养量来决定。长 18 米，可饲养 130 对鸽子，一人管理两幢；长 30 米，可养 300 对，一人管理一幢。舍内用网间隔，每 15 平方米为一间，可养 30 对种鸽或商品鸽 50 对，鸽舍外设有小型运动场，其大小为割鸽舍面积 1/3，周围用铁丝网围着，运动场，最好设有底网，以便保持卫生。顶网和周围为 3.36 毫米孔径网，底网为 4.76 毫米孔径网。鸽舍前后开窗，前窗离地低些，以利于南风吹入，后窗离地面略高。

(二) 笼养式鸽舍

笼养鸽舍结构简单，造价低，占地少，管理方便，特别是可以得到准确的繁殖记录。鸽笼有柜式和单个箱式两种。

1. 柜式鸽笼

一般分为 4 层，可养种鸽 8 对或商品鸽 15 对。笼高 207 厘米（包括脚高 15 厘米），长 120 厘米，宽 45 厘米，适用于旧房改造的鸽舍，也适用于新建鸽舍的分间间隔。缺点是打扫比较困难。

2. 群养式鸽笼

可用竹、木或红砖造成柜式，分4层共16小格为一柜，每小格高35厘米，宽35厘米、深40厘米，每两小格养1对，一柜养8对。

3. 单箱式鸽笼

适用于家庭养鸽，可放在阳台上、走廊两旁或吊在屋檐下，也可一排排叠放在鸽舍内。每个笼高50厘米，长60厘米，宽50厘米。

三、肉鸽的繁殖

(一) 肉鸽的繁殖周期

鸽子从交配、产卵、孵蛋出仔及乳鸽的成长这一段时期称为繁殖周期，一个周期大概45天，分为配合期、孵蛋期和育雏期3个阶段。

1. 配合期

已经成熟鸽子按照饲养者的目的，将雌雄配成一对，关在一个鸽笼中，使它们产生感情以至交配产蛋，这一时期为配合期。大多数鸽子都能在配合期培养出感情来，共同生活，共同生产永不分离，这阶段为10～12天。

2. 孵蛋期

雌雄鸽配对成功后，两者交配并产下受精蛋，然后轮流孵化，该过程17～18天。

3. 育雏期

自乳鸽出生至独立生活阶段，为其亲鸽的育雏期。乳鸽出生后，雌雄鸽随之产生鸽乳，共同照料乳鸽，轮流饲喂。而这期间，亲鸽又开始交配，在乳鸽2～3周龄后，又产下一窝蛋，这阶段需要20～30天。

乳鸽出生至发育完善，需4个月的时间，有的早熟品种3个月。这时的乳鸽具有成熟鸽的一切特征,会发情、交配,有繁殖能力。但刚接近成熟的鸽子还不适合配对繁殖,应待体成熟后方可配对生产。

(二)公母鸽分栏饲养

1. 肉鸽的雌雄鉴别

鸽的雌雄鉴别是肉鸽生产、繁殖工作中不可缺少的一环,如果性别比例不当,不但鸽舍不得安宁,而且影响产蛋率。

(1)乳鸽的雌雄鉴别法

①外形比较鉴别:在同一窝乳鸽中,生长快、体型大、颈短粗、鼻瘤大而扁平、脚粗壮、喙长而宽、尾脂腺尖端叉开者为雄鸽。10日龄后,把手伸到乳鸽面前,反应灵敏、啄人手指者为雄鸽;当会走时,走动表现活泼、好动,常离开鸽巢者、头粗大、喙阔厚而稍短、当亲鸽哺喂时,争先吃食者为雄鸽,相反为雌鸽。

②肛门鉴别:在4~5日龄前,翻肛门观察其形状以辨别雌雄。雄鸽的肛门下缘较短,上缘覆盖着下缘,从后面看稍微向上弯;而雌鸽从侧面看与雄鸽相反,从后面看两端有稍微向下弯的倾向。

(2)成年鸽的雌雄鉴别

成鸽雌雄鉴别难度更大,要点主要是观察鸽的外形与行为:①外貌:雄鸽身体较粗大,颈粗而硬,脚粗而有力,头大而圆;雌鸽身体较小,体形紧凑,脚细而小,头顶平而窄。②鼻瘤:雄鸽鼻瘤较宽;雄鸽鼻瘤较窄,但4~5年以上的老鸽,不能以此分辨。③喙:雄鸽的喙较厚而短;雌鸽的喙较薄而长。④龙骨:雄鸽的龙骨长而弯曲;雌鸽的龙骨短而直。⑤产蛋期骨盆:雄鸽骨盆窄,左右耻骨间距约一指宽;雌鸽骨盆宽,左右耻骨间距约二指宽。⑥神态:雄鸽活泼、好斗,常追逐雌鸽并发出"咕咕"声。雌鸽温顺、好静不好斗,发情时常偎依在雄鸽身旁,鸣声较低沉。⑦孵蛋时间:雄鸽多在白天孵蛋,一般从上午9时至下午

16:00时左右;雌鸽多在晚上孵蛋,一般从下午16:00时至第二天早上9时左右。⑧肛门:雄鸽的肛门闭合时呈凸形,翻肛看呈山形;雌鸽的肛门闭合时呈凹形,翻肛看呈花形。

2. 公母鸽分栏

鸽子长到4月龄后,进入发情期。在鸽子发情前,应将母鸽与公鸽分开饲养。在鸽子长到4月龄时,按性别分成两群,分别养在不同的栏里面。同性别鸽子,也应分小栏饲养,每栏60只左右。母鸽每栏可多放些,公鸽应少放些,因为公鸽性成熟后会互相追逐、殴斗,密度太大会啄伤或啄死。饲养在同一栏里的同性鸽的品种和年龄也应相同或相近,这利于管理和以后顺利配对,还可防止大鸽欺小鸽造成伤残。

(三)鸽子配对前的准备工作

公母鸽分栏后,应加强管理,一般注意以下几点:

1. 留种时防止种鸽太肥和太瘦

种鸽太肥会影响配对后的繁殖性能,出现公鸽精液不良,精子少或畸形精子多;母鸽产蛋少甚至不产蛋等情况。太瘦则造成营养不良,对精子、卵子的形成也有一定的影响。饲料的供给每天2次为宜,每次可让鸽吃九成饱但饮水不限制。

2. 增强种鸽的抗病能力

在配种前15天就给红霉素、四环素等药的预防传染病;用左旋咪唑或驱蛔灵驱虫;群鸽每周洗浴1次,最后1次洗浴时,在水中加入适量的敌百虫,以杀灭鸽虱子、鸽蝇等寄生虫。

3. 鸽舍、鸽笼及用具准备

家庭饲养的小型鸽舍可利用空屋、阳台、屋檐下或门前空地。用竹条或铁丝网等做笼,立体养殖可设计3~4层。配齐食槽、水槽、砂杯及产蛋巢。进鸽前1周对鸽舍、鸽笼进行消毒,可用福尔马林加高锰酸钾熏蒸消毒。

(四)配对方法

鸽子达6月龄,性器官及身体的各种机能已经健全,这时就可以配可以配对繁殖。公母鸽产生感情后 10 天左右就会产蛋。

鸽子的配对，目前广大养殖者多采用自然配对，让成群的鸽自找对象配成对。这样易造成近亲配对，导致品种、毛色、体型、体重的差异不利于获得优良的后代。

科学的配对应采用人工配对，配对上笼前，应检查体重、年龄及健康状况，符合肉用标准的才选择上笼。先将公鸽按品种、毛色等有规律上笼。公鸽上笼 2~3 天，熟悉环境后，用同样方法选择母鸽上笼配对，但应避免近亲配对（鸽出生后应进行登记，带脚环）。配对后有少数争窝、打架现象，应进行调配，直至和睦相处。

（五）孵化技术

1. 自然孵化

配对后一般 10~15 天母鸽即开始产蛋，产蛋前几天要在蛋巢上放上麻包片或长短与鸽翼羽毛一致的干净短稻草、松针等。孵化期间防止雨水浸入。注意垫料的清洁卫生，发现污湿及时更换。平时注意种蛋不要离开亲鸽腹羽，以防凉蛋。天热时注意减少垫草，多开窗户，凉水洗涤或喷雾降温。天冷时增加垫草，注意保暖，6℃以下应考虑舍内加温，孵化后 4~5 天和 12 天时各照蛋一次，及时取出无精蛋和死胚蛋，第 17~18 天时检查出雏情况，遇到出壳困难者进行人工剥壳助产，注意剥壳不能大于 1/3。

2. 人工孵化

鸽蛋的人工孵化也同其他鸽类一样，要准确好适宜的孵化室及孵化器，孵化前器具和鸽蛋要进行消毒。可以缩短种鸽生产周期，提高孵化率和出雏率，孵化温度可控制在 37.8~38.2℃，前期相对湿度 55%~65%，后期调至 70%~80%，分别在入孵后 5 天和 10 天进行照蛋，分别剔除无精蛋、死胚蛋和死精蛋；第 16 天转入出雏机，17 天、18 天出壳困难的可喷水于蛋表面。

第七章 其他经济动物养殖实用技术

四、乳鸽哺育技术

（一）乳鸽的生长速度

鸽子在孵蛋和哺育乳鸽期间，分泌激素，促使嗉囊产生鸽乳并持续至仔鸽第2周龄。随着乳鸽的日龄增加，鸽乳中细碎料含量越来越多，颗粒越来越大。由于鸽乳的营养价值较高，且含有消化酶，易被吸收。因而，乳鸽生长速度很快。

（二）乳鸽人工育肥技术

肉鸽饲养场，为了提高乳鸽增重的速度，早日达到收购标准，把孵出的乳鸽，用人工合成的鸽乳哺喂，至6~7日龄再进行人工育肥，大大提高了乳鸽的生产性能，增加了经济收入。

1. 哺育饲料的配制

乳鸽1~2日龄，可用新鲜消毒的牛奶，加入葡萄糖、多种维生素、水及消化酶，配制成全稠状态的鸽乳；3~4日龄可用新鲜消毒的牛奶加入熟鸡蛋黄、葡萄糖、多种维生素、水及蛋白消化酶配成稠状鸽乳；5~6日龄，可在稀粥中加入奶粉、葡萄糖、鸡蛋、米粉、B族维生素及消化酶配成半稠状；7~10日龄，可在稀粥中加入米粉、葡萄糖、奶粉、面粉、豌豆粉及消化酶、酵母片，制成半稠状；11~14日龄，用米粥、豆粉、葡萄糖、麦片、奶粉及酵母片等，混合呈流质状饲料；15~20日龄，可用玉米、高粱、小麦、豌豆、绿豆、蚕豆等磨碎后，加入奶粉及酵母片配成半流质料；21~30日龄，可用上述原料磨成较大颗粒的料，再用开水配制成浆状；30日龄后，可放玉米、高粱、豌豆等原料让鸽慢慢啄食，经1~3天，鸽子就能根据自己的需要采食饲料了。

2. 育肥方法

根据乳鸽日龄配制成的干料，按照饲喂量称出，倒入盆中，冲开水浸泡30~60分钟，饲料转化成流食或胶状。用填喂机饲喂。刚出生的乳鸽，须由两人填喂，一人持乳鸽，另一人持注射器将胶管慢慢插入乳鸽食道，1~3日龄的可用20毫升注射器，每日喂4次,时间为8时、11时、16时、21时。人工填喂需注意两点:一是动作要轻,防止胶管插入气管和损伤食道;二是喂量不能过多,否则会造成积食和消化不良。一般来说人工哺育比自然哺育填重要快。

(三)乳鸽后期人工育肥技术

在实际应用中,人工孵化一般都没问题,但刚孵出的乳鸽在1~5日龄人工育雏,条件要求比较高。因此,很多肉鸽场人工育肥在10~16日龄进行,育雏技能较好的在7~8日龄进行。按照目前乳鸽上市日龄22~24日龄,起码有1~2周时间可以进行人工育肥。将按肉鸽饲养标准配合的死了秤好,按每次饲喂量1:3加入开水,充分浸软,自然冷却后即可饲喂。也可采用质量较好的小鸡料来育肥。采用乳鸽生长后期人工育肥技术的乳鸽,通常比自然语出的乳鸽体重增加7%~12%,且可提早2~3天上市,缩短了饲养时间。另一方面减少了亲鸽带仔的负担,使亲鸽得以休养生息,提早产蛋,缩短了产蛋周期2~5天,有效提高了亲鸽的生产性能。

五、饲养标准与日粮配制

(一)肉鸽日粮配制

饲喂肉鸽的饲料要求新鲜和干燥,绝对不能供给已经发霉变质或发芽的饲料,因为这种饲料常带有病原或毒素,鸽子食后会发病或中毒。另外,饲料配合时还应注意以下5点:

1. 多种饲料互相搭配,使鸽营养成分互补,以提高总体营养水平和饲料利用率。

2. 要选择营养丰富、来源广泛、价格低廉的饲料原料。做到既能满足鸽子营养需要,又能降低成本。

3. 选择易消化(不带或少带壳)、适口性好的颗粒饲料原料。

4. 要注意饲料中主要营养成分与氨基酸、维生素的比例,不足部分应额外补给。

5. 有条件的可采用全家膨化颗粒饲料。

（二）保健砂

保健砂是保证鸽子健康生长和正常生产所必须补充的成分，其原料成本较低，但对生产的经济效益的影响却不可估量。

（1）国内常用保健砂的配方简介

配方1：红泥土20%，河砂32%，贝壳粉30%，旧石灰2%，砖末2%，木炭末3.5%，食盐4%，生长素2%，龙丹草0.7%，二氧化铁0.2%，维生素0.2%，甘草末0.8%，氨基酸1.5%，大麦0.6%，余银岩0.5%。

配方2：红泥土35%，河砂25%，贝壳粉15%，旧石灰5%，木炭末5%，食盐5%，蛋壳粉5%，骨粉5%。

（2）配制保健砂的注意问题

①各种配料纯净、无霉变。

②配料混合由少到多，多次充分搅拌，用量少的应先预混。

③现配先用。

（3）保健砂的使用方法

①保健砂先用现配，保证新鲜，防止某些营养成分被氧化、分解，影响功效。

②每日定时定量供给，一般上午喂料后再给保健砂，每次给量要适当，育雏期亲鸽多给些，非育雏期可少给些。通常每对鸽每日供给15~20克。

③每周应清理一次剩余的保健砂，更换为新配的以保证质量。

④保健砂的配方应随鸽子的状态、身体需要及季节等有所变化，做适当调整。

第六节 黄粉虫养殖技术

黄粉虫又叫面包虫，属昆虫纲、鞘翅目的一种粮食仓库的有害昆虫。黄粉虫生活力很强，耐粗饲，繁殖快。其体内含有丰富的蛋白质（粗蛋白质占60%左右），脂肪和糖类等营养物质，故近年来被作为观赏鸟、蜈蚣、蝎子、金鱼、青蛙等的动物性饲料，从而开展人工饲养。

一、生活史及特性

(一) 黄粉虫的生活史

黄粉虫属完全变态昆虫，一生要经过卵、幼虫、蛹、成虫4个阶段。

成虫产卵在饲料的表面，如果环境适宜，即温度26~28℃，饲料含水量为13%~15%，7天后可孵出幼虫。

刚孵出的乳白色幼虫，长约3毫米，不吃料，2天后开始吃料，5天后第一次蜕皮，变为2龄幼虫，体长增到15毫米，之后约在35天内经过6次蜕皮，变成8龄的老龄幼虫，体长增至26毫米，10天后8龄幼虫再蜕皮一次，则变成裸蛹，蛹常在饲料表面，7天后羽化为成虫。

刚羽化的成虫为乳白色，头部金黄色，身体幼嫩，不太活动，也不取食，5天后身体颜色加深变成黑褐色，并开始取食，发育成熟的雌雄虫进行交尾和产卵。从产卵到成虫性成熟，大约需要60天。雌雄成虫一生交配多次，产卵期长达3个月，每天产卵5~15粒。在温室内，一年可繁殖4代，自然界一般一年一代。据统计，人工饲养时，一只雌虫一年可繁殖2 000~3 000只幼虫。

(二) 生活条件

1. 温度

生长发育适宜的温度为26~32℃，而生长发育最快是在35℃，当高于35℃时，生长发育速度下降，38℃时，黄粉虫则会受热致死。黄粉虫较耐寒，老龄虫可耐受-4℃，而低龄幼虫在0℃时即大量冻死，8℃时则开始生长发育。

上述温度是指内部的温度，一般来说群体内部温度往往高于室内温度8~10℃。如果室内温度高达26℃时，就要采取降温措施，同时减少群体的密度，以免温度过高而热死。

2. 湿度

黄粉虫不怕干燥，能在含水量低于10%的饲料中生存，但湿度太大时体内水分过分蒸发，生长发育慢，体重减轻，饲料利用率低。所以，最适宜的饲料含水量为15%，室内空气湿度为70%。当饲料含水量达18%和室内空气湿度为85%时，黄粉虫不但生长缓慢，而且容易生病，尤其是成虫更怕潮湿，生病死亡。

3. 食物

黄粉虫属杂食性昆虫。吃食各种粮食、油料和粮油加工的副产品，如糠麸、渣饼等，同时也吃食各种蔬菜叶。幼虫的食性更为广泛，除吃上述食物外，还可吃干鲜桑叶、豆科植物的叶以及各种昆虫尸体，当食物缺乏时，甚至会咬食木制的饲养箱和垫底的纸片等。

人工饲养时，不能只喂一种饲料，应该投喂混合饲料，才能满足黄粉虫生长发育繁殖所需要的各种营养物质，保证其正常生长发育和繁殖。

混合饲料的配合百分比为：糠麸80%、玉米粉10%、花生饼9%、其他（包括多种维生素、矿物质粉、土霉素）1%；或糠麸60%、碎米糠20%、玉米粉10%、豆饼9%、其他1%。

上述各种饲料的比例，各地可按虫体生长状况和饲料来源，以及经济状况，灵活掌握自行调整，不可生搬硬套、固守一方。

4. 怕光喜暗

成虫喜欢潜伏在阴暗角落或树叶、杂草或其他杂物下面躲避阳光；幼虫则多潜伏在粮食、面粉、糠麸的表层下1~3厘米处生活。所以人工饲养黄粉虫应选择光线较暗的地方，或者饲养箱应有遮蔽，防止阳光直接照射，影响黄粉虫的生活。

5. 喜群居

黄粉虫幼虫和成虫均喜欢聚集在一起生活，但饲养的密度要适中，不宜过大。

二、饲养与管理

（一）成虫的饲养

成虫饲养的任务是使成虫产下大量的虫卵。卵羽化后的成虫，在体色变成黑褐色之前，就要转到成虫产卵箱饲养。成虫产卵箱的规格，长、宽、高分别为60厘米、40厘米、15厘米的木箱，底部订上网孔为2~3毫米的铁丝网，网孔不能过大，否则成虫容易掉下逃走，但也不能太小，不然箱内的杂物筛不下来。箱内侧四边镶以白铁皮或玻璃，防止虫子逃跑。

投放雌雄成虫的比例为1:1。在投放前，先在箱底下垫一块木板，木板上铺一张纸，让卵产在纸上。箱内铺上一层1厘米厚的饲料，这样才能使成虫把卵产在纸上而不至于产在饲料中。在饲料上铺上一层鲜桑叶或其他豆科植物的叶片，使成虫分散隐蔽在叶子下面，并保持较稳定的状态。然后再按照温度和湿度盖上白菜，如果温度高、湿度低时多盖些，蔬菜主要是提供水分和增加维生素，随吃随加。不可过量，以免湿度过大，菜叶腐烂，致使成虫容易生病，降低产卵量。

成虫在生长期，不断进食、产卵，所以每天要投料1~2次，将饲料撒到叶面上供其自由进食。成虫产卵时多数转到纸上或纸和网之间的饲料中，这样可防止成虫把卵吃掉的食卵现象。

成虫连续产卵3个月后，雌虫会逐渐因衰老而死亡，未死亡的雌虫产卵量也显著下降，因而饲养3个月后就要把成虫全部淘汰，以免浪费饲料和占用卵箱，提高生产效益。

（二）幼虫的饲养

幼虫的饲养是指从孵化出幼虫至幼虫化为蛹这段时间，均在孵化箱中饲养。孵化箱与产卵箱的规格相同，但箱底放置木板，这样一个孵化箱可孵化2~3个卵箱筛的卵纸，但应分层堆放，层间用几根木条隔开，以保持良好的通风。

孵化前先进行筛卵，筛卵时先将箱中的饲料及其他的碎屑筛下，然后将卵纸一起放进孵化箱中进行孵化。卵上盖一层菜叶，以保持适合的湿度。这样卵在孵化箱中10天内即可孵出幼虫。

幼虫留在箱中饲养，3月龄前不需要添加混合饲料，原来的饲料已够用，但要经常放菜叶，让幼虫在菜叶底下栖息取食。

当箱中饲料吃完后，进行过筛，晒出虫粪，幼虫仍放回箱内饲养，并添加3倍于虫体重量的混合饲料，可以麦麸、菜叶为主。饲养实践证明，一般投喂2.5千克麦麸可回收面包虫1千克。

虫体长至4~6龄时，可采收喂养蝎子等动物。用来留种的幼虫则继续饲养，到6龄时因幼虫群体体积增大，应进行分群饲养，幼虫继续蜕皮长大。老龄幼虫在化蛹前四处扩散，寻找适宜场所化蛹，这时应将它放在包有铁皮的箱中或脸盆中，防止逃走。化蛹初期和中期，每天要捡蛹1~2次，把蛹取出，放在羽化箱中，避免被其他幼虫咬伤。化蛹后期，全部幼虫都处于化蛹前的半休眠状态，这时就不要再捡蛹了，待全部化蛹后，筛出放进羽化箱中，蛹在饲料表面，经过7天后就羽化为成虫。

完全当作饲料的幼虫，可把卵纸放在脸盆中孵化出幼虫，在盆中饲养幼虫除了提供足够的饲料外，主要是做好饲料保湿工作，湿度控制在含水量15%，过于干燥时可喷水，但不宜太湿，因为过干、过湿都不利于幼虫的生长，当幼虫至3~4龄时，把幼虫筛出投喂蝎子等动物。

三、采收与加工

（一）采收

当黄粉虫幼虫在生长至4~6龄时，就可采收。此时的幼虫采收后可直接投喂蜈蚣、蝎子、雏禽等。

(二) 加工

4~6龄的黄粉虫幼虫采收后,可进行干燥或干燥粉碎加工,作为饲养其他动物的饵料或饲料添加剂。具体方法是,将采收的幼虫用80~90℃的热水烫死后,晒干、烘干并定量包装。常用作为鸟、金鱼等的饵料。

第八章 水产养殖实用技术

第一节 淡水渔业的发展现状

一、概况

据统计，2004年，全国水产品总产量为4 855万吨，其中淡水鱼产品总产量为2 133.98万吨，全国淡水产品总产量占水产品总产量44%，占世界淡水产品总产量的70%。2004年全国淡水养殖产量1 892万吨，占淡水产品总产量的88%，全国拥有淡水养殖面积566.3万公顷。

二、主要养殖方式和产量

到目前为止，中国淡水养殖的主要方式有以下几种：

1. 池塘养殖

池塘养殖在中国有千年的历史，是淡水养殖的主导养殖方式。目前池塘养殖面积242.9万公顷，总产量达到1 331万吨，占中国淡水水产总产量的72%。

2. 湖泊养殖

湖泊养殖面积94万公顷，产量为114.7万吨。

3. 水库养殖

水库养殖面积169万公顷，产量为205万吨。

4. 稻田养殖

稻田养殖面积163万公顷，产量为101.9万吨。

此外，还有河沟养殖、网箱养殖以及工厂化养殖等。

三、淡水渔业的主要养殖地区

在中国淡水养殖大省主要有湖北、湖南、山东、江苏、江西、安徽等7个省。这7个省的水产品总产量达到1 200多万吨，占淡水养殖产量的67%，产值1 000多亿元人民币。

四、我国淡水养殖的主要品种

目前，中国淡水养殖的种类有50多种，其中主要养殖品种仅10多种，有青鱼、草鱼、鲢鱼、鳙鱼（俗称"四大家鱼"），鲤、鲫、鲂等。"四大家鱼"产量占淡水养殖产量的50%以上。其中草鱼产量居中国淡水养殖第一位，2004年产量达到369.8万吨；鲢鱼产量居第二位，2004年为346.6万吨；鲤鱼产量居第三位，2004年为236.6万吨；鳙鱼产量居中国淡水养殖第四位，2004年为207.9万吨。此外，还有鲫鱼，鲫鱼产量也达到100万吨。鳊鱼产量达80万吨。除此之外，中国养殖的还有许多名优养殖品种：罗非鱼、河蟹、斑点叉尾鮰（沟鲶）、大口鲶、罗氏沼虾、黄颡鱼、鲟鱼、黄鳝、南美白对虾、鳗鲡。现在观赏鱼的养殖正在兴起，还有爬行类、两栖类，如龟、鳖、蛙、河蚌。

五、淡水水产品加工

目前，中国淡水鱼的加工产品有四大类：冷冻产品、罐头制品、腌制品以及鱼糜制品。2004年全国淡水产品加工总量为92万吨，用于加工的淡水产品总量达到137万吨。从加工的数字可以看出，中国淡水产品加工应该是比较落后的。跟海水产品的加工来比，差距非常大。近几年淡水加工发展比较快的：烤鳗加工业、罗非鱼加工业、克氏螯虾（小龙虾）加工等。

六、淡水产品出口创汇的主导品种

中国淡水出口创汇的主导品种有鳗鲡、罗非鱼、斑点叉尾鮰、河蟹、克氏螯虾等。2004年中国共出口水产品204万多吨，出口总金额69亿美元，其中淡水产品出口额12亿美元。

水产品的出口在大农业中，出口比重占30%。

第二节　池塘养殖技术

淡水池塘养殖是中国水产养殖的主要生产模式，是中国现代社会发展优质蛋白质供应的重要保障，是优质蛋白质产生最高效的生产方式。2006年，全国淡水池塘养殖面积为253.1万公顷，占淡水养殖总面积的42%，产量1495万吨，占全国水产总产量的28.3%。长期以来，淡水池塘养殖的产量和面积一直处于不断的增长状态。

一、池塘条件

池塘是养殖场的主体部分。按照养殖功能分，有亲鱼池、鱼苗池、鱼种池和成鱼池等。池塘面积一般占养殖场面积的65%~75%。各类池塘所占的比例一般按照养殖模式、养殖特点、品种等来确定。

池塘形状主要取决于地形、品种等要求。一般为长方形，也有圆形、正方形、多角形的池塘。长方形池塘的长宽比一般为(2~4)∶1。池塘的朝向应结合场地的地形、水文、风向等因素，尽量使池面充分接受阳光照射，满足水中天然饵料的生长需要。池塘朝向也要考虑是否有利于风力搅动水面，增加溶氧。在山区建造养殖场，应根据地形选择背山向阳的位置。

在南方地区，成鱼池一般5~15亩，鱼种池一般2~5亩，鱼苗池一般1~2亩；在北方地区养鱼池的面积有所增加。另外，养殖品种不同，池塘的面积也不同，淡水虾蟹养殖池塘的面积一般在10~30亩之间，太小的池塘不符合虾、蟹的生活习性，也不利于水质管理。特色品种的池塘面积一般应根据品种的生活特性和生产操作需要来确定。养鱼池塘有效水深不低于1.5米，一般成鱼池的深度在2.5~3.0米，鱼种池在2.0~2.5米；虾蟹池塘的水深一般在1.5~2.0米。北方越冬池塘的水深应达到2.5米以上。池埂顶面一般要高出池中水面0.5米左右。

淡水池塘养殖场的进排水系统是养殖场的重要组成部分，进排水系统规划建设的好坏直接影响到养殖场的生产效果。水产养殖场的进排水渠道一般是利用场地沟渠建设而成，在规划建设时应做到进排水渠道独立，严禁进排水交叉污染，防止鱼病传播。设计规划养殖场的进排水系统还应充分考虑场地的具体地形条件，合理利用地势条件设计进排水自流形式，降低养殖成本。

二、水质调节

水质管理要采取综合管理措施，有效改善水质，为水生动物创造良好的生长环境。应制定日常水质管理计划，规定换水时间、频次、特殊气候条件下处理程序等，应每天测量水温、溶解氧、pH值、透明度等水质要素，并判定这些水质指标是否符合该养殖种类的适合范围要求。

控制水质保持水质达到"肥、活、嫩、爽"的要求。随季节和水温不同加注新水调节水位，必要时，还可全池换水。在水源缺乏的地方，可以通过在合适时候泼洒微生态制剂、控制水面的藻类，达到一池水养一池鱼的高水平。

根据水质变化情况及时换水。水温低于25℃时，每月加水1～2次，换水量10～20厘米；水温高于25℃时每月加水4次，换水量5～10厘米，必要时大量换水。换水时应根据水源清洁度采取相应措施，如出水口用14～20目筛绢缝制成80～150厘米过滤网袋。水源处于涨潮河段的，应灵活掌握加水时间，避开污染高峰期。

三、投喂

每日的实际投喂量主要根据当地的水温、水色、天气、生长阶段和实际摄食情况而定。池塘水色以黄褐色或油绿色为好，可正常投喂。如水色过浓转黑，表示水质要变坏，应减少投喂量，及时加注新水。天气晴朗，池水溶氧条件好，应多投，而阴雨天溶氧条件差，则少投。天气闷热，无风欲下雷阵雨应停止投喂；天气变化大，水产动物食欲减退，应减少投喂数量。每天早晚巡塘时检查食场，了解水产动物吃食情况，如投喂后很快吃完，应适当增加投喂量；如投喂后长时间未吃完，应减少投喂量。

投喂时应遵循"四定"原则。定时：通常草类和贝类饵料宜在上午9时左右投喂；精饲料和配合饲料应根据水温和季节，适当增加投喂次数以提高饵料利用率。定位：水产动物对特定的刺激容易形成条件反射，固定投喂地点，有利于提高饵料利用率，有利于了解水产动物吃食情况和食场消毒，并便于清除剩饵，保证吃食卫生。定质：草类饵料要求鲜嫩、无根、无泥；精饲料要求粗蛋白高；颗粒饲料要求营养全面、适口，在水中不易散失。定量：每日投喂量不能忽多忽少，在规定的时间内吃完，以避免水产动物时饥时饱，影响消化、吸收和生长。

四、病害防治

水产养殖环境状况不断恶化是病害频发的首要原因，不合理的水产养殖方式给疾病的暴发流行创造了条件，水产种苗及水产品的流通缺乏必要的检疫和隔离制度，为疾病的广泛传播创造了条件，水生动物种质、苗种质量不高，导致养殖动物抗病力下降。中国执业兽医制度及兽药处方制度尚未建立，加上渔民科学用药、安全用药的意识差，病急乱用药，给疾病防治增加了难度，现行水生动物防疫体系不健全，滞后于水生动物防疫工作的需要。

养殖场应该利用各种渠道收集最新的水产动物病害防治技术资料，并且针对性地制定出所养殖的水产动物常见病害的防治方案，以便一旦出现病害，能够及时有效地处理。为了能够正确使用药物，养殖场必须制定药物一览表，规定药物用途和使用方法，并将药物一览表张贴在醒目位置。

疾病防治坚持"以防为主，防重于治"和"无病早防，有病早治"的方针，定期做好清洁卫生、工具消毒、食场消毒、全池泼洒药物和投喂药饵等措施，避免鱼病暴发。

池塘养鱼常见的鱼病主要有：细菌性疾病（赤皮、烂鳃、出血及肠炎)、病毒性出血病和鱼体表、体内寄生虫病等。对鱼病检查采取目诊与镜检相结合，才能比较准确诊断鱼病。采取水质消毒与投喂药饵相结合，定期投喂与即时投喂药饵相结合的防治措施。定期消毒，轮换全池泼洒，以防治出血性败血症等病毒性及细菌性鱼病；对车轮虫、小瓜虫、粘孢子虫等寄生虫病则用杀虫剂加以防治。

科学使用水产药物随着水产养殖业的不断发展，鱼药品种从初期仅有几个，发展到现在已有了数百种新药。但在有些养鱼地区，对药物的使用仍存在认识不足和盲目用药的现象。对此根据我们的体会，谈谈鱼药使用的基本注意事项。

(一) 注意用药的及时性和准确性

首先要对池塘的生态条件、水质情况、鱼体状况和药物的作用，有充分的了解，然后进行综合分析，得出正确的治疗方案和用药方法，避免乱用鱼药，注意用药的管理，切不能身边有什么药，就用什么药，图省事方便。这种随便用药不仅造成浪费，往往还会造成不良后果，影响正常的饲养工作。

对于已发病的池塘，查出病情，弄清原因后，应及时用药，切莫拖延时间。因为鱼的一切活动在水中，不易被人们察觉到，得病后同样如此。病鱼一旦被发现，往往它的食欲已下降，在治疗上已有一定的困难，如不马上积极治疗，控制病情，病鱼很可能会病情加重或死亡。病源随机也加快传播，严重时很可能蔓延全池，产生严重后果。只有在早期病鱼虽食欲下降，但还有一定吃食能力，此时及时投药饵，并注意药饵的适口性，病鱼还是能摄入部分药饵。这样药物就会发挥一定治疗作用，再加上外用药物对池塘的消毒作用，疾病还是能被控制的。

(二) 注意用药的合理性和有效性

在商品鱼饲养池中，应避免使用富集性很强的药物，如硝酸亚汞、福尔马林等，这些药物的富集作用，直接影响到人们的食欲，并对人体也会有某种程度的危害，所以这些富集作用很强的药物，一般只用在鱼种饲养阶段，或观赏鱼饲养上。

在对待一些较难治疗的寄生虫类疾病时，应先了解该虫的生活周期性，利用它在生活史过程中对药物敏感时期，进行有效的合理用药，杀灭它们。如体内寄生的吸虫和绦虫类，在成虫时期，药物很难起作用，而利用它们生活史过程中更换寄生或活动于水中的幼体对药物敏感时期，用药来消灭和清除它们。而对于那些能形成胞囊，具有极强抗药能力的寄生虫类，在治疗过程中必须长期合理地用药，才能有效。如小瓜虫和粘孢子虫类，在治疗上只进行1~2次用药往往无济于事，而要针对它们生活周期中离开寄主、活动在自然水体对药物敏感时期，进行合理用药，才能有效地杀灭它们。在治疗锚头鳋病时，同样也需要针对它寄生后对药物不敏感，但有分批繁殖这一特性，进行长期多次用药，来彻底杀灭它们。在每次具体用药时间上可根据它们幼体喜在清晨浮于表层活动这一特征，清晨用药效果更佳。

（三）在综合治疗时注意药物的颉颃性和协助性

水产用药，在方法上有它特殊的一面。绝大多数的外用药，多少都会受到水质影响。在多种药物综合治疗时，互相之间影响尤为明显。如常用的生石灰，它不仅与硫酸铜、漂白粉和富氯有颉颃作用，而且也受水中磷或铵氮的影响，同样磷或铵氮也受生石灰作用而影响肥效，因此，在生产使用时应前后错开5~7天左右时间。而生石灰与敌百虫相遇时，则会起到药物的协助性，能使部分敌百虫变成毒性更强的敌敌畏，这也是生产上常用的，敌百虫与面碱合剂使用的方法。

还有常用的硫酸铜与硫酸亚铁合剂，也是利用药物间的协助性，来更好的发挥药效，但硫酸铜在碱性水质或与食盐相遇，就会产生药物之间的颉颃性，而影响药效。因此在多种药物综合防治疾病时，一定要注意它们之间颉颃性和协助性，根据具体情况，来确定药物的使用方法和增减它们的剂量。

第三节 大水面养殖技术

一、养鱼工程

很多人称养鱼池为"聚宝盆",南方也有"养鱼种竹千倍利"的说法,但是在北方,由于很多渔池的工程建设不达标,鱼类不能安全越冬,导致养殖户经济效益下降。渔池工程主要包括:注排水闸门、防逃拦鱼设施、堤坝、越冬区。在北方越冬区显得尤为重要,工程建设以方便、实用、牢固为标准。

注排水闸门(又称注排水口)要求是开放自如,注水、排水方便,并且要保证长时间注水而不塌陷,水位过高不能被压垮有条件的可以选择砖混凝土为原料。注水口可以尽量高一些,以能顺畅注水为标准,排水口可以尽量低一些,以能最大量排出水为标准。

防逃拦鱼设施主要设在注排水口处,标准是不阻水、不跑鱼。由于注排水口水流急、鱼集中,这给防逃带来很大难度。进出水口杂物集中且较多,可在水口前几米处水流较缓的地方设置能过滤杂物的拦网,不让杂物直接冲击防逃设施。条件允许可架设隔极式脉冲电栅栏,或在较宽的水域设拦网。拦网可按"八"字形设置,延长水流面和减少水流冲击力。防逃网的底部要用卵石压住、压实,保证能抵抗长时间水流冲击而不出孔洞。防逃网水面以上部分要高出水面1.5米,防止鱼跳跃逃跑。防逃拦鱼设施中网状防逃网的网目周长低于投放苗种周长的95%,条状鱼栅栏间距应低于投放苗种头宽的95%。

堤坝以水大不塌,抗风浪冲击为标准。迎水面可用编织袋、石块、水泥护坡。新建土堤坝要压实,防水大时渗漏塌方。

越冬区俗称"网卧子",能够提高越冬鱼类的成活率,提高养殖鱼类的个体规格,同时还有利于冬季打网捕鱼。这个区域要求水深、地面平坦、没有陡坡和杂草。面积一般占养殖水面的

1/10 即可，冬季越冬有效水深达到 1 米以上。

二、养殖品种搭配

鱼类的品种搭配是灵活的，既要考虑到水体条件，又要考虑鱼类销售渠道及特点。品种搭配应当根据水面的条件来确定，也可根据水体内鱼类种群特点来确定。大水面一般分为水草型、富营养型和贫营养型 3 种。

（一）水草型大水面养殖

采取这种模式时可以多投放草鱼、鲤鱼，少投放花白鲢、鳙鱼，投放量一般是鲫鱼 40%～50%、草鱼 20%～30%、花白鲢 20%、鲷科鱼类和肉食性鱼类 10%。同时，为了提高经济效益，还可以投放适量的河蟹。千亩以内的水面河蟹投放量每亩不超过 2.5 千克，千亩以上的水面河蟹投放量每亩不超过 1.5 千克。

（二）富营养型大水面养殖

富营养型水面是指水面养殖经营时间较长，底泥较厚，水生植物比较少。水源多为稻田泄水或雨水，肥力高、透明度低。采取此种养殖可多投放鲢鳙鱼，少投放草鱼，适当投放鲤、鲫鱼。浮游植物数量保持 500 万个/升以上的水域，放养鲢鱼比例为 60%，鳙鱼 10%，鲤鱼、鲫鱼、草鱼占 20%，鲷科鱼类和肉食性鱼类占 10%。浮游植物数量低于 100 万个/升的水体，放养鳙鱼的比例为 40%，鲢鱼 10%，鲤鱼、鲫鱼、草鱼 40%，鲷科鱼类和肉食性鱼类 10%。这种水体不适合养殖河蟹。

（三）贫营养型大水面养殖

贫营养型水面指水质清瘦、浮游植物数量少、底泥有机质含量低的水体。这种水体（在北方大多属碱性水体，水体混浊度高）养殖的鱼类品种搭配要根据水体的特点来确定，水体中杂鱼数量多时可适当增加肉食性鱼类的数量，但存塘量要低于总鱼量的 5%。池塘底部为沙质土壤时可投放大银鱼，浮游动物比较多也可适当增加鳙鱼数量。鲢鱼、鳙鱼投放比例可占鱼类总数量 40%，鲤鱼、鲫鱼占 60%。每年定期向水体投入粪肥和饲料，当水体培肥后再根据水体营养情况改变投放结构。

三、放养密度

在养殖过程中要合理安排鱼类的放养密度。要避免资金紧张时不投放鱼苗，又要避免没计划的大量投放。这样会导致鱼类过少而没有产量或者由于密度过大而使得养殖的鱼不符合销售规格。

鱼类的放养密度应根据水体中所含的饵料生物基础条件和放养鱼类的成活率来确定。饵料生物相对贫乏的贫营养型水域，无论水体面积大小、深浅，鱼苗的放养密度都必须低于40尾/亩；营养型或富营养型的水体，鱼苗的放养密度一定要根据水中饵料特点来确定，一万亩以上的水面放养密度为30~50尾/亩，千亩到万亩的水面放养密度为50~100尾/亩，以后可根据捕鱼情况和存塘量逐年调整。根据多年实践，按照以上计算方法投放，如果当年成鱼平均长到1千克，第二年可放养鱼种5千克（50尾）/亩；如果当年成鱼长到0.5千克，第二年长到1千克时，再放养密度可调整为2.5~4千克（50~80尾）/亩；如果当年鱼体均重0.3千克，且第二年仍低于0.5千克，再放养密度应低于2.5千克（50尾）。水体中必须保证有两年以上放养的群体，放养总密度保持在100~130尾/亩。

四、放养模式

能够保证鱼类每年安全越冬且按照标准投放鱼苗的水体，第三年开始即可长年起捕，实行轮捕轮放。起捕的数量和种类根据鱼类放养密度、水体内种群结构特点确定。若水体的鱼苗投放量充足，即每年投放100~200尾/亩，鱼类个体平均重量为1千克，并且能保证有两年以上存塘鱼时，即可进行轮捕轮放。应做到捕大留小，用刺网（挂子）捕捞大型成鱼。野杂鱼较多水面可以用密眼箔捕捞小型经济鱼类。每天捕捞量为59~100千克/千亩，轮捕轮放目的是把有限的天然饵料最大限度地供给优质商品鱼。不但能够提高鱼的商品规格，还可以增加亩产量。实行轮捕轮放养殖模式后即可以把投放鱼种改为投放夏花。这样可减少投入大量资金,还解决了鱼种投放时的过分应激反应。

五、商品鱼销售

卖鱼形式有多种,如垂钓卖鱼(现钓现做、现钓现卖、自钓自做等);鱼庄加工(即定点供应、自己经营鱼庄等);错季销售(在夏季、封冰期、解融期不利于捕捞上市);也可以固定商贩或固定市场。最主要的还要注册品牌,有条件的可以把活鱼包装,把水产品打进超市。

六、越冬管理

大水面养殖鱼类一般情况下没有越冬风险,如果管理不到位,也可造成大量死亡。这样就很难使商品鱼达到较大规格。

水面有挺水植物时冬季不用进行打孔排气,只要保证水体有效深度达到1米以上即可。一般情况下,有效水体能容纳越冬鱼密度为0.5~1千克/立方米;当水面没有挺水植物且淤泥较深时,冬季要对水体进行不定期排气,也可在水中立一些苇草捆,让苇捆的上部露出冰面,下部与水相接,用来排出水中的有害气体,这样的水体能容纳越冬鱼密度为0.5千克/立方米。

冬季下雪时要及时扫雪,不可让雪停留太长时间。当水体缺氧时要采取增氧措施。可以投放增氧剂或物理爆气增氧。有时管理措施都做到位,冬天还是有死鱼现象的发生,综合分析是鱼自身的原因,鱼的鳃有炎症或是鱼的体质较弱。鱼鳃有炎症的原因有两个,一个是患有烂鳃病,另一个是鳃部有寄生虫。这就要求进鱼种的时候要把好质量关,并按标准程序处理鱼种。一般情况下用5%的食盐水浸洗20分钟,也可以用敌百虫(百万分之十浓度)和硫酸铜(10%)混合水溶液浸洗20分钟。

大水面鱼类增养殖要获得较高的经济效益,必须做到在有限的水体中得到产量最大、品质最优的鱼类产品,同时,要选择合适的季节、合适的对象卖个好价格。不同水体、不同经营模式、不同鱼类的生产过程都是不同的,这就要求养殖者在生产实践中不能照搬别人的成功经验，要不断总结、不断创新。

第四节 小龙虾养殖技术

小龙虾是珍贵的水产经济动物。其肉味独特，蛋白质含量高，脂肪含量低，虾黄有蟹黄味，具有补肾、壮阳、滋阴、健胃的功能。甲壳素可以用于食品、化工、医药、农业、环保等领域，小龙虾还可入药。

一、养殖设施

池塘面积以0.26~0.6公顷（4~10亩）为宜，深1~1.5米，坡比1∶2.5。池底平坦，底质以壤土为好，池坡土质较硬。水源充足，水质无污染。建好进排水渠，小龙虾逃逸能力较强，通常用塑料薄膜或钙塑板，沿池埂四周用竹桩或木桩支撑围起防逃。

二、放养前准备

（一）彻底清池

放养前25天消毒虾苗虾种，排干池水，清除过多淤泥，整修池埂，每667平方米用生石灰75千克或漂白粉清池消毒。

（二）施足基肥

每667平方米施腐熟畜禽粪550千克，培育轮虫和枝角类、桡足类浮游生物，为虾苗虾种提供饵料。

（三）栽好水生植物

池内栽轮叶黑藻、马来眼子菜、伊乐藻等水生植物，面积占虾池面积2/3。架设网片，或设置竹筒、塑料筒等，为小龙虾提供栖息、蜕壳、隐蔽场所。

三、虾苗虾种放养

（一）可以采用多种养殖模式

1. 夏季放养模式

以放养当年孵化的第一批稚虾为主，放养时间在7月中下旬，稚虾规格为 0.8 厘米以上。每 667 平方米放养 3 万~4 万尾。

2. 秋季放养模式

以放养当年培育的大规格虾苗或虾种为主，放养时间为 8 月中旬至 9 月。虾苗规格 1~2 厘米的，每 667 平方米放养 2.5 万尾；虾种规格 2.5 厘米的，每 667 平方米放养 1.5 万尾。

3. 冬春放养模式

一般在 12 月份或翌年 3~4 月放养。以放养当年不符合上市规格虾为主，规格为每千克 100~200 只，每 667 平方米放养 1.5 万~2 万尾。

(二) 虾苗虾种质量要求

1. 稚虾规格在 0.8 厘米以上，虾种规格在 3 厘米。
2. 体质健壮，附肢齐全，无病无伤，生命力强。
3. 虾苗虾种都是人工培育的。

(三) 注意事项

1. 冬季放养择晴天上午进行，夏季和秋季放养择晴天早晨或阴雨天进行。
2. 虾种放养前用 4% 食盐水浴洗 10 分钟，杀灭寄生虫和致病菌。
3. 从外地购进的虾种，将虾种在池水内浸泡 1 分钟，提起搁置 2~3 分钟，再浸泡 1 分钟，如此反复 2~3 次后再放养，以提高成活率。
4. 混养鲢、鳙鱼，以改善水质。

四、科学投喂

(一) 按照小龙虾生长发育阶段投喂

搞好饲料的组合和投喂。稚虾、幼虾阶段，以轮虫、枝角类、桡足类以及水生昆虫幼体等为食，成虾阶段则兼食动物性饲料、植物性饲料。虾苗、虾种放养后，适时追施肥料。8~10 月小龙虾快速生长阶段，多喂麸皮、豆饼及青绿饲料，适当喂给动物性饲料。11~12月小龙虾越冬前，以投喂动物性饲料为主。

（二）按照小龙虾的生活习性和摄食特点投喂

小龙虾多在夜里活动觅食，具有争食、贪食习性。每天上午、下午各投喂1次，下午1次占全天投喂量70%；采取定质、定量、定时投喂方法，喂足喂匀。

（三）按天气、水质变化和虾活动摄食情况投喂

小龙虾生长适宜水温为28℃。8~10月小龙虾摄食量大，日投喂量可按在池虾体重的8%安排，干饲料或配合饲料按2%~4%统筹。

五、日常管理

（一）建立巡池检查制度

每天巡池，发现异常及时采取对策。

（二）调控水质

保持虾池溶氧量在5毫克/升以上，pH值为7~8.5，透明度40厘米左右。每15~20天换1次水，每次换水1/3。每20天泼洒1次生石灰水，每次每667平方米用生石灰10千克。

（三）加强栖息蜕壳场所管理

大批虾蜕壳时严禁干扰，蜕壳后立即增喂优质适口饲料。

（四）防逃防病

1. 主要敌害有老鼠、青蛙、水鸟、水蜈蚣、摇蚊幼虫等

要及时做好灭鼠，清除池内蛙卵、蝌蚪，在池四周岸上围网30~40厘米，以防止青蛙、水蛇侵入。池内发现水蜈蚣，可用海捞捕捉。

2. 病害防治

澳洲淡水龙虾抗病力强，自引进以来还未发现暴发性、流行性疾病，但随着集约化养殖的提高，病害防治工作不可掉以轻心！防治工作要以防为主、苗种下塘之前可进行体表消毒，防止把病原带进池内。目前，已见的几种病原体主要是寄生虫、藻类和某些细菌。

（1）当水质发生变化、水中微生物较多时，虾体头胸部，步足等外骨骼上会着生许多黄色或褐色的附着生物。多为纤毛虫类的累枝虫、聚缩虫、钟形虫等。这些纤毛虫类栖附于中虾成虾外骨骼上，营共生生活，形成体表粗糙的枝状、疣状物，加重寄主的负担和压力，导致行动迟缓、摄食减少、蜕壳困难，若水中溶氧低，更易导致缺氧而窒息，甚至死亡。对此，可用虾蟹纤虫净进行治疗。每亩用量1米水深为500克。如杀灭不彻底，仍有少量残虫存在，可在第一次用药后七天，按此药量再泼洒一次。预防用量减半，一月一次。一般寄生虫可以用硫酸铜与硫酸亚铁（5:2）合剂0.5~0.7毫克/千克泼洒或挂袋可把其去除，也可用15~25毫克/千克的福尔马林或饱和盐水浸洗。

（2）肠胃病多是由摄入变质饵料引起，因此饵料要求新鲜，不用霉变饵料。选用豆类植物作饵料时，一定要经过加温处理，以去除掉抗胰蛋白酶，有利对植物蛋白的吸收。目前，病害防治可参考其他虾类病害防治资料。但是该强调的是虾的品种不同，对各种药物的敏感度也不一样。在借用其他虾类用药溶度时一定要注意观察，如有不适要及时大量换水，以免造成损失。幼虾耐受恶劣环境能力较差，因此要提高其成活率，最好将水温保持在16~30℃。澳洲淡水龙虾虽然能耐低氧，但长时间在低氧环境中生存，会降低免疫力影响摄食、脱壳和生长。因此在养殖池中还应备有增氧设施。如有发现缺氧，应及时开启增氧机，保证水中充足溶氧。

（3）澳洲淡水龙虾对农药较为敏感，若有利用农田水灌池时，在农田施药期间应严禁田水流入养虾池中。也有人盲目投施敌百虫农药，意欲杀死敌害生物而造成龙虾严重死亡的事故。

六、商品虾捕捞与运输

（一）捕捞

在6~7月和11~12月集中捕捞。先用地笼网、手抄网等工具捕捉，最后再干池捕捉。也可以捕大留小，常年捕捞。

（二）运输

商品虾通常用泡沫塑料箱干运，也可用塑料袋装运，或用冷藏车装运。运输时保持虾体湿润，不要挤压。

第五节　黄鳝的养殖技术

黄鳝喜生活在有机质丰富的浅水水域，如稻田、水沟等处。喜洞穴生活，白天蛰伏在洞中，夜晚出洞觅食。食性以动物性饵料为主的杂食性鱼类，其眼退化，主要靠灵敏的嗅觉寻找食物。主要摄食各种水生和陆生昆虫幼虫、大型浮游动物、蚯蚓、水蚯蚓、蝌蚪、幼蛙，也食小型鱼虾和丝状水藻。黄鳝对水质和生活环境要求较低，生长水温为 15～30℃，温度过低或太高时则躲在洞中，即使所在水域完全干涸，只要其洞壁泥土仍保持湿润，也可存活较长时间。

一、池塘条件

最好以砖砌水泥抹面池或合土池为好，面积 10～20 平方米，幼鳝池深 30～50 厘米，成鳝池深 1.0～1.5 米，池内面要光滑，不漏水，池口建成"T"形防逃檐，池子进排水口，溢水口均应作好拦栅。养鳝池建好后，放 30～40 厘米富含有机质肥土，要求土质松硬适度，以便黄鳝作洞。

二、消毒施肥

鳝池加水后，用生石灰或漂白粉、高锰酸钾全池泼洒消毒。1 周后排干池水，加入猪、牛粪、青草等有机肥，曝晒数日再加入新水。为减少夏天日照强度和有利于黄鳝栖息，应在池面 1/3 的水面放养水葫芦、水花生等植物。冬季防寒可排干池水（但要保持土壤湿润），其上加盖稻草或其他秸秆保温。在遇天气突变或大雨时，不论白天夜晚要防止池水缺氧和黄鳝外逃。

三、鳝种投放

采用人工繁殖鳝种最好，也可用鳝笼自行采捕。深黄大斑鳝、土红黑斑鳝、青黄斑鳝、细斑青鳝、乌斑灰鳝均可。如在市场收购则应严格把好无伤、无病关,有皮外伤、断尾或体色发白不正常的,均不可购买。用钩捕获的鳝苗,口腔和咽部有内伤,也不可用。

鳝种放养前要用菌虫净药浴 10~30 分钟,有外伤者、反应迟钝者、肚皮朝上者均淘汰。鳝种一般 20~25 克/尾,放养密度为 100~150 尾/池,约重 2~3 千克,大小规格一致。亦可放养适量成熟的大规格亲黄鳝,使其在养殖池中自行繁殖,此后捕大留小。

四、科学投饵

黄鳝的饵料很多,如蚯蚓、螺蚌肉、小杂鱼、蝇蛆和动物内脏等,决不能喂变质腐败的饵料,否则会造成疾病流行。为防止营养单一,通过驯养养成摄食配合饲料的习惯。投喂要定时、定位、定质、定量。鳝苗进池后一般 3~7 天内不投饵,以后可改为白天投饵,水温 20~28℃时每天 5:00~6:00 投喂 1 次,投饵量为 10%。20℃以下每天下午投喂 1 次,投饵量为 5%~8%。30℃以上每天 4:00~5:00 投喂 1 次,投饵量为 3%~5%。投饵不宜太集中,每池可设 2 个饵料台。

五、水质管理

为保持鳝池良好水质,每天要及时清除吃剩的残饵换水时先打开排水口,排尽老水,再注入新水。一般 10~15℃时,7 天换水 1 次。16~20℃时,3 天换水 1 次。20~28℃时,2 天换水 1 次,有条件的地方能经常有微流水则更好。

六、鳝病防治

常见鳝病有烂尾病、肤霉病、细菌性肠炎等。防治方法有:

1. 做到无病先防,鳝种下塘前消毒

可用 3% 的食盐水消毒 10~20 分钟,在日常管理中经常用漂白粉、优氯净、高锰酸钾等进行消毒,改善水环境,增强抗病力。

2. 有病早治

出血病可使用 0.4 克/立方米的溴氯海因全池泼洒。赤皮病和打印病使用 0.25 克/千克"三黄散"拌饵投喂，3~5 天为一个疗程。细菌性肠炎，流行期间用溴氯因或三氯异氰脲酸全池泼洒（两者交替使用），内服药可用氟哌酸或"鳝病宁"拌饵投喂，每 50 千克黄鳝用 0.5 克连喂 4~5 天为一个疗程。

第六节 泥鳅的养殖技术

泥鳅肉味鲜美，肉质细嫩，具有很高的营养价值，随着野生资源的日趋枯竭和名特优水产品养殖业的发展，以及人们生活水平的提高，泥鳅以食性杂、饲料来源广泛、病害较少、易于养殖、成本较低，越来越受到水产养殖户的青睐，泥鳅养殖业有着广阔的发展前景。

一、生物学特性

泥鳅为底层鱼类，常在江河、湖泊、池塘、沟渠浅水处的底层穿梭索饵或静止于水底，喜中性或弱酸性泥土，生长成熟的最适宜水温为 25~27℃。泥鳅是杂食性鱼类，主要摄食动物性饵料（如桡足类等浮游动物、甲壳动物、昆虫幼体摇蚊幼虫、水蚯蚓），也食高等水生植物、藻类、有机碎屑和小杂鱼，喜食商品饲料。

二、苗种繁育技术

为了同时获取足够数量的泥鳅苗，我们采用注射激素的方法，进行人工催产。首先选择个体较大、体格健壮的泥鳅作为亲鱼，雌鱼要求腹部饱满而柔软，卵巢轮廓明显，体重在 40 克左右，雄鱼要求体长达 10 厘米以上采用绒毛膜促性腺激素，雌鱼每克体重用 10~15 国际单位，雄鱼剂量减半，采用背部肌内注射法或腹控注射法（2~3 毫米）催卵，再进行人工授精，泥鳅苗孵出2～3天后就能够自由活动，可移入培育池，放养密度为每平方米150尾，同时饲喂轮虫等微小浮游动物，防止缺氧泛塘，需根据水质适当施肥、投饵和加注新水，随着鱼苗的生长，逐渐加喂粉末状配合饲料，以保证鱼苗的营养需要。

三、养殖技术

1. 养殖池建造与幼苗放养

泥鳅养殖池不宜太大，建造面积为100平方米的养殖池1个。水深保持在50～60厘米另需在养殖池的注排水口、侧壁做好防逃设施，以防泥鳅外逃。鱼种放养前，对养殖池进行彻底的消毒并施肥，培养浮游饵料生物供鱼种下池后食用，放养4～5厘米的幼苗，密度为每平方米60尾。

2. 投饵管理

泥鳅多在晚间摄食，生长旺盛期白天也摄食，故应以晚上投饵为主且在每个养殖池设饵料台两个，驯化泥鳅集中摄食，投饵次数以当时情况为准，水温在15～20℃时每天1次，在25～30℃时每天早晚各1次，超过30℃时每天1次投饵量一般以投喂的饵料1小时内能吃完为最适量泥鳅具有贪食的性，所以在养殖过程中务必警惕过量投饵。秋天水温在15℃以下时应停止投饵。

3. 日常管理

首先，确定专管人员。俗话说："三分养，七分管。"养殖池要有专人负责放养、投饵、施肥和防病管理工作。其次，改善水体环境在饲养管理过程中，必须认真观察水质，及时采取培肥、加水换水和增氧等措施。再次，加强日常管理，每天早晨要巡塘，并观察鱼类有无浮头等情况，如发现死鱼要及时寻找原因，并采取相应的治疗措施。

四、病害防治

1. 细菌病的防治

泥鳅养殖过程中常见的疾病有赤鳍病、水霉病、气泡病、曲骨病、车轮虫病、舌杯虫病等，此外还有农药中毒及其他生物敌害。尤其以水霉病和赤鳍病为主，其症状是鱼鳍或体表部份表皮脱落，呈灰白色，肌肉腐烂，肛门部分发红，继而出现血斑，严重时出现鳍条脱落，不摄食，直至死亡，主要流行于夏季。防治方法：应避免鱼体受伤，苗种放养前应用4%食盐水浸洗消毒，或用1%磺胺剂水溶液给泥鳅浸洗15分钟，养殖过程中，每隔20天用鱼用泼洒剂泼洒1次（浓度为1毫克/升），可有效预防此病的发生。

2. 寄生虫病的防治

车轮虫于鱼类的鳃或体表，患病鱼摄食减少，离群独游，严重时寄生虫密布鱼体，如不及时治疗会引起死亡。防治方法：用生石灰清塘，发病时，用晶体敌百虫以每立方米0.7克的用量全池泼洒。

五、捕捞方法

经过8～10个月的饲养，泥鳅个体长至13～18厘米时即可捕获上市，通常每667平方米产可达1 000千克。捕捞方法，一般采用冲水捕捞和干池捕捉。

1. 冲水捕捞

即在靠近进水口的，地方铺上密眼鱼网，从进水口放水（因为泥鳅有逆水逃逸的习惯，会聚集到进水口处），然后适时将先铺设的网具提起捕获泥鳅。

2. 干池捕捉

当秋季水温降低到15℃以下时，泥鳅便逐渐钻入池塘底泥中，可排干池水捕捉，一般先将塘水抽干后在池底挖若干小沟，泥鳅会集中到排水沟内，从而进行人工捕捉，或将含鳅淤泥挖入铁筛中用水冲去泥土而捕获。

参考文献

[1] 杨宁．家禽生产学［M］．北京：中国农业出版社，2002．
[2] 王志跃．养鹅生产大全［M］．南京：江苏科学技术出版社，2005．
[3] 赵聘，黄炎坤．家禽生产技术［M］．北京：中国农业大学出版社，2011．
[4] 刘太宇．畜禽生产技术实训教程［M］．北京：中国农业大学出版社，2009．
[5] 黄炎坤，吴健．家禽生产［M］．郑州：河南科学技术出版社，2007．
[6] 赵云焕，刘卫东．畜禽环境卫生与牧场设计［M］．郑州：河南科学技术出版社，2007．
[7] 赵聘，潘琦．畜禽生产技术［M］．北京：中国农业大学出版社，2007．
[8] 李如治．家畜环境卫生学［M］．北京：中国农业出版社，2003．
[9] 杨慧芳．养禽与禽病防治［M］．北京：中国农业出版社，2006．
[10] 尤明珍，王志跃．禽的生产与经营［M］．北京：高等教育出版社，2002．
[11] 冯继金．种猪饲养技术与管理［M］．北京：中国农业大学出版社，2003．
[12] 田有庆．养猪手册［M］．北京：中国农业大学出版社，2002．
[13] 李和国．猪的生产与经营［M］．北京：中国农业大学出

版社，2001.
[14] 潘琦．科学养猪大全［M］．合肥：安徽科学技术出版社，2007.
[15] 李宝林．猪生产［M］．北京：中国农业大学出版社，2001.
[16] 吴建华．猪的生产与经营［M］．北京：高等教育出版社，2002.
[17] 杨公社．绿色养猪新技术［M］．北京：中国农业出版社，2004.
[18] 朱宽佑．养猪生产［M］．北京：中国农业大学出版社，2007.
[19] 陈润．生猪生产学［M］．北京：中国农业出版社，1999.
[20] 王连纯．养猪技术［M］．北京：中央广播电视大学出版社，2005.
[21] 杨公社．猪生产学［M］．北京：中国农业出版社，2002.